开放式街区
规划与设计

凤凰空间·华南编辑部　编

U0222067

江苏凤凰科学技术出版社

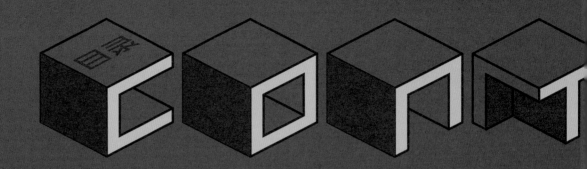

第一章　中国城市社区历史发展 ——— 007

1. 中国封闭社区的历史演变 ——————————— 009
　　（1）隋唐宋时期 ———————————————— 009
　　（2）计划经济时期 ——————————————— 009
　　（3）20 世纪 80 年代 —————————————— 010
　　（4）20 世纪 90 年代 —————————————— 010

2. "美式"门禁社区对当代中国社区建设的影响 ———— 011

3. 封闭社区导致的问题 ——————————————— 013
　　（1）城市路网密度低，导致出行不便，降低了城市的通达性 ——— 013
　　（2）用地功能单一，导致"职住分离"明显，长距离出行需求增加 — 013
　　（3）城市出现社会空间分异 ———————————— 013

4. 开放街区的探索和实践 —————————————— 014
　　（1）新城市主义与"精明增长" —————————— 014
　　（2）中国地方政策的探索 ———————————— 014
　　（3）中国开放式街区实践案例 —————————— 015

5. 国外开放式街区的起源及规划 —————————— 017

（1）复合型开放式社区——国王十字（King's Cross）改造社区 ——— 017

（2）《TOD 标准》（*TOD standards*）对 TOD 开放型社区的评估 —— 018

第二章　街区的开放化改造 —————————— 021

1. 公交导向发展原则及评价标准 —————————— 023

2. 广州六运小区 ———————————————————— 030

（1）步行 ———————————————————————— 036

（2）自行车 —————————————————————— 040

（3）连接性 —————————————————————— 042

（4）公共交通 ————————————————————— 043

（5）混合利用 ————————————————————— 044

（6）密集 ———————————————————————— 046

（7）紧凑 ———————————————————————— 047

（8）转变 ———————————————————————— 048

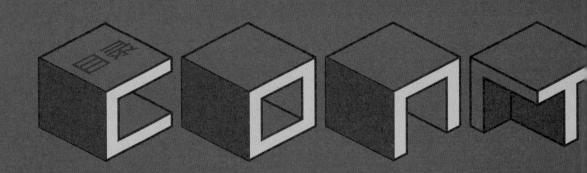

3. 香港黄埔花园 ——————————— 052

   （1）步行 ——————————— 054

   （2）自行车 ——————————— 059

   （3）连接性 ——————————— 060

   （4）公共交通 ——————————— 062

   （5）混合利用 ——————————— 063

   （6）密集 ——————————— 064

   （7）紧凑 ——————————— 064

   （8）转变 ——————————— 065

4. 伦敦圣吉尔斯中心多功能住宅小区 ——————————— 068

   （1）项目背景 ——————————— 070

   （2）项目概述 ——————————— 071

   （3）规划愿景 ——————————— 072

   （4）规划及建设过程 ——————————— 073

   （5）经验借鉴 ——————————— 076

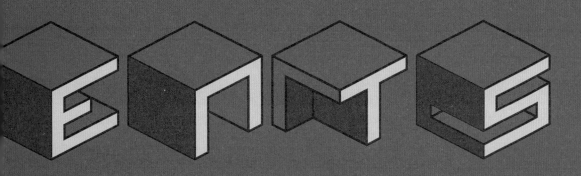

第三章 开放式公共空间设计 —— 079

Blaricummermeent 公共空间 —————————— 080

Pamperduto 总体规划 —————————————— 094

超级线性公园总体规划 ———————————— 104

法明顿城市景观规划 ————————————— 122

共同联合 ——————————————————————— 130

乌卢斯 Savoy 住宅区 ————————————— 138

漂浮村庄 ——————————————————————— 150

底特律中城科技城 —————————————— 156

苏州河两岸城市设计 ————————————— 168

御桥科创园 ————————————————————— 178

鲁鲁岛详细总体规划 ————————————— 190

Sørenga 6 号街区 —————————————————— 204

勇堡住宅总体规划 —————————————— 212

鸣谢 ———————————————————————————— 230

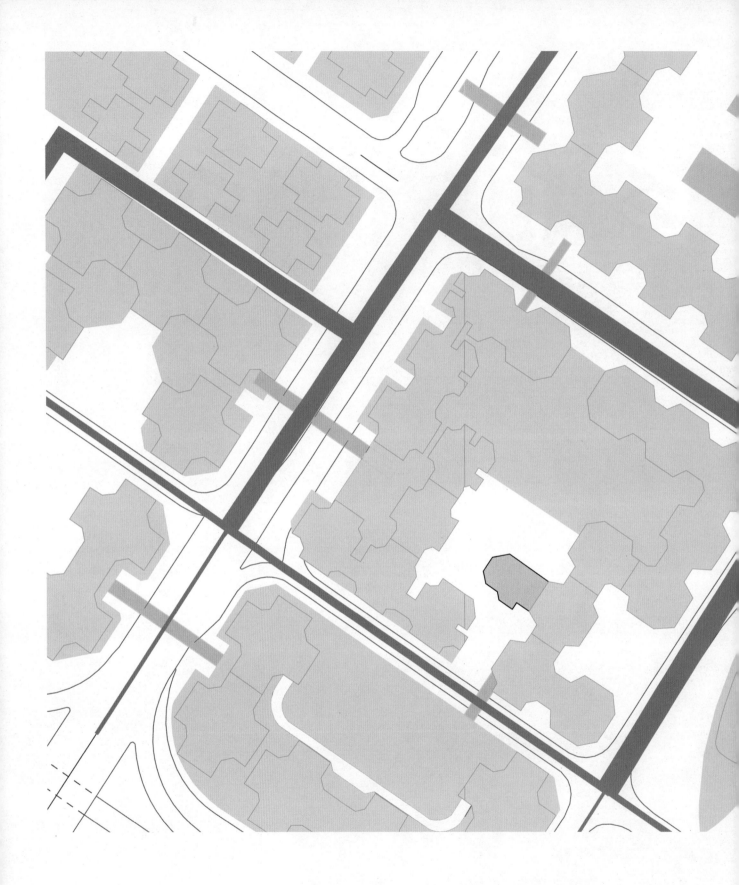

第一章

中国城市社区
历史发展

街区（Block）是四周由街道围合而成的地块，而街坊或邻里（Neighborhood）则通常由多个街区组成。《绿色住区标准》（CECS 377：2014）把城市街区定义为"在城市中由城市街道围合而成的区域，通常以一个居住组团为单位"。

根据 2002 年版的《城市居住区规划设计规范》（GB 50180-93），居住区按居住户数或人口规模可分为居住区、小区、组团三级。城市居住区一般称居住区，泛指不同居住人口规模的居住生活聚居地和特指被城市干道或自然分界线所围合，并与居住人口规模（30000~50000 人，10000~16000 户）相对应，配建有一整套较完善的、能满足该区居民物质与文化生活所需的公共服务设施的居住生活聚居地。居住小区一般称小区，是指被城市道路或自然分界线所围合，并与居住人口规模（10000~15000人，3000~5000 户）相对应，配建有一套能满足该区居民基本的物质与文化生活所需的公共服务设施的居住生活聚居地。居住组团一般称组团，一般指被小河道路分隔，并与居住人口规模（1000~3000 人，300~1000 户）相对应，配建有居民所需的基层公共服务设施的居住生活聚居地。

然而实际上，目前中国许多城市都存在超过居住组团尺度的城市街区。这些街区的尺度往往达到了居住小区的大小，有的甚至达到了居住区的大小，形成超大街区（Superblock），即由单个街区组成的邻里社区。这些超大街区为了"方便管理"，还将社区四周用围墙或栅栏围合，仅留出少数的出入通道，并且需要出示门禁卡等才能进出。这些超大街区对城市的交通、社会和经济发展都造成了不同程度的影响。

▲ 大楼盘

1.中国封闭社区的历史演变

（1） 隋唐宋时期

古代城市出于军事防御目的，多成封闭形态，并设有城墙、城门、护城河、城堡等，如古罗马时代的城市和中国唐代的长安城（隋代时称大兴城）。在隋朝，由于原来的都城排水不畅，城内污染严重，因此隋文帝命宇文恺规划建造新城，而大兴城就是在此背景下修建而成的。大兴城面积达 83.1 平方千米，城区分隔成 108 个坊。为了便于安全管理，唐长安城不仅在四周设有城墙，城区的每个里坊四周也全是高墙。里坊内有南北贯通的小街，坊墙四面各开 1~2 个坊门，供坊内居民出行。由于设有宵禁制度，到了夜间各个坊必须把门关上，人们也不允许走到坊外的街上。与此同时，隋唐时期的商人地位底下，商业活动仅限于规定的范围内进行，即东市与西市，并严禁沿街设市。因此，坊与坊之间并没有沿街商铺，更没有街道生活，每个坊都是一个独立的封闭街区。同时为了体现皇权的威严，长安城的街、坊尺度都修的非常大，其中位于中轴线的朱雀大街甚至修到 150 米宽。由于盛唐时期的中国国力强大，长安城也成为当时的世界第一大城，因此长安城的形态对于后世的中国城市规划影响深远，比如明清时期的北京城就是参考唐长安城修建的。

然而到了唐代后期，由于商品经济的发展和皇权的衰落，越来越多坊的围墙被打开，开始出现在规定的"市"以外进行的商业活动，里坊制逐渐走向崩溃。到了宋代，商品经济的发展达到了顶峰，市坊制正式取代里坊制，宵禁制度也被取消，商业活动可以全天候在街市中进行，同时商住混合用地也非常普遍。著名的《清明上河图》所描绘的就是这一时代汴京繁华的城市街景。

唐宋时期的城市规划一定程度上反映出当时社会的政治取向和经济水平的变迁，也对此后数百年中国城市的建设产生深刻的影响。

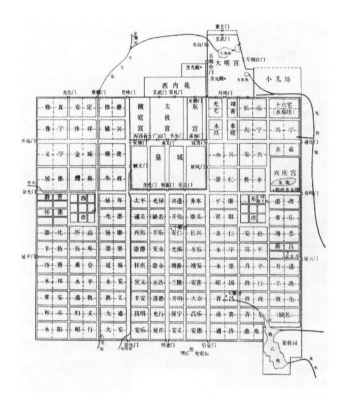

▲ 唐朝坊市图

（2）计划经济时期

在社会主义建设初期，土地资源充足，人口迅速增加，但食品等资源供应短缺，城市政府公共财政能力孱弱。随着"一五"计划期间社会主义计划经济和单位体制的建立，在"有利生产、方便生活、节约用地、少占农田"的规划建设原则指导下，土地被划拨给"单位"建设，把供水、电力、电信等市政服务交给独立核算的市政"单位"经营，以将市政建设的投入和运营维护费用降到最低，由此衍生的具有中国特色的大型"单位大院"。政府兴建了

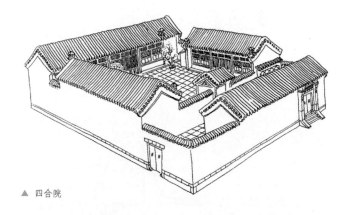
▲ 四合院

大量的单位大院型综合居住区，这种"单位制"城市规划奠定了中国现代城市形态的基调。

根据1958年北京城市总体规划，当时的城市居住区以小区为基本单位，面积为30万至60万平方米。而单位大院是集工作与居住两种基本功能于一体的综合居住区，大部分占地面积都相对较大，且这些单位大院多以城市主干道为边界，并通过设置围墙、栅栏和门卫形成封闭、半封闭的门禁社区。这种边界规则使城市路网密度较低，每个单位大院就像一个小社会，对外相互割裂，缺乏联系，降低了城市的通达性，既不利于行人穿行又加重了主干道的交通压力。由于建国初期商品经济并不发达，因此商业主要布置于单位大院内部，并未沿街布置，与隋唐时期的里坊制类似。

（3）20世纪80年代

在改革开放初期，农村人口和下乡青年重新向城市聚集，造成了严重的住房短缺。为解决城市住房问题，国家倡导成立国营房地产公司，通过"三通一平"进行新区开发同时"综合开发、配套建设"居住小区，再由各种单位来购买住房作为福利分配给职工居住。随着单位的改制及住房的商品化，一些企业类的单位大院转化成为功能单一的居住小区模式。20世纪八九十年代，住建部在全国开展"城市住宅小区试点"及"小康住宅示范小区"等项目，如广州五羊新城、上海康乐小区，结果单位住宅小区逐渐替代单位大院，成为城市居住区规划建设的主流模式。

（4）20世纪90年代

20世纪90年代，人们逐渐意识到房屋和土地作为商品和资产的价值，房地产价值逐渐显化，房地产市场初步形成。由于住房市场化的形成与单位制的解体，商业活动开始沿街破墙，原来单位大院的沿街住宅的底层也开始被用于商业用途，如广州的六运小区。这与北宋时期的市坊发展类似。

1998年，住房建设的任务从单位、政府转移到开发商手里。政府通过土地招拍挂制度将国有土地使用权出让给开发商，开发商再和银行联手通过按揭贷款把住房卖给购买住房的市民。这个体制极大地推动了住房供应，缓解了城市住房紧缺的问题，政府还获取了巨额土地出让金以推动城市基础设施建设和产业开发。

政府通过供应较大的地块来增加公共财政投入，同时又可以因此减少市政设施、市政道路的建设和维护费用投入。这也是今天中国土地财政制度和超大街区的起源。在这种利益驱使之下，政府按居住小区甚至居住区的规模向开发商出让土地变得屡见不鲜。尤其随着中国机动车的普及，以及当时社会普遍认为机动化代表"富裕、先进"的思想推动，各地争相建设城市快速路和高架桥。因此，城市郊区的超大型社区开始出现，如广州碧桂园、祈福新村等。这些社区里面有学校、超市、会所等"半公共"设施，如同单位大院一般，只是居民之间不是同事关系，而是邻居。为了保障居住区的安全和业主的隐私，这些社区都是采用封闭式管理。

旧城改造的兴起使建设大型住宅区的风潮从郊区刮到了市中心。为了减少时间和经济的投入，开发商往往采用大拆大建式的改造，将城中村和古城变为城市中心的大型高层门禁小区。此外，房地产经济利益驱使下的"造城运动"也使超大型封闭式小区进一步蔓延。这种用途单一，以大地块、封闭式管理为主要特征的小区设计不仅仅应用于商品房，连同一时期的保障性居住区也纷纷采用了这种样式，以至于普通民众认为这就是小区建造的标准形态。

2."美式"门禁社区对当代中国社区建设的影响

20世纪90年代在中国出现的超大型门禁小区不仅反映出当时开发商的利益取向，同时也反映出改革开放初期居民对西式生活的理解。广州碧桂园、祈福新村等"超级大盘"的设计就是这一时期的代表作，其形态与"单位大院"相似，但小区的主要功能、建筑样式、管理方式和社会关系却与前者有很大的不同，而是更向"美式"社区看齐。

这种"美式"郊区超大社区的发展起源于20世纪初期的美国，其产生和发展与小汽车的普及密不可分：一是当时汽车的出现极大地拓展了人们的活动范围，且具有铁路无法比拟的灵活性，因此在汽车实现大规模生产以后，"美式"郊区超大社区即得到迅速的普及；二是当时市区的卫生环境恶劣，且街道逐渐被汽车挤占，使市区的生活环境品质愈发下降，因此城市的富人和中产阶级开始纷纷迁往郊区居住。西方城市尤其是美国城市开始进入大规模的郊区化，居住在低密度的郊区住宅区和开车通勤成为中产阶级生活品质的象征。

美国社会学家佩里（Clarence Perry）在这一背景下提出的邻里单位（Neighborhood Unit）概念也成为当时郊区住宅区的规划模板。邻里单位的核心理念包括：

①每个邻里单位社区约为65万平方米，容纳5000~9000个居民；

②将学校置于社区中心，步行半径约为400米；

③将主要干道置于社区的外围，防止通过性的机动车交通入侵社区；

④社区内部采用低等级、曲线型的街道设计，以提高行人的安全性，减少不必要的机动车交通；

⑤将购物区置于社区的外围，防止车辆因前往商业区而穿越社区；

⑥社区内部至少10%的用地为公园和开敞空间。

◀ 广州祈福新村是20世纪90年代以来中国郊区超大社区的代表作，据称目前已有约20万人在此居住

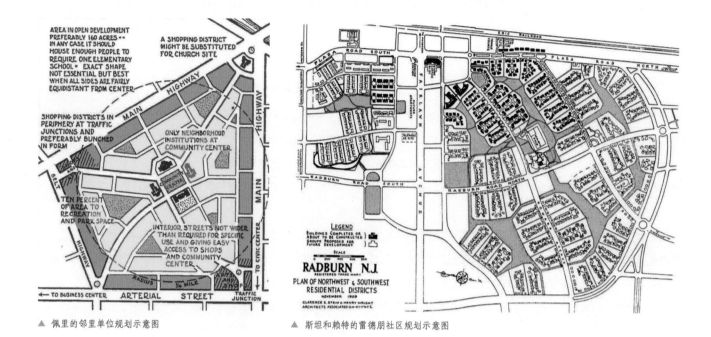

▲ 佩里的邻里单位规划示意图　　　　　　　　　　　▲ 斯坦和赖特的雷德朋社区规划示意图

　　从设计上来看，邻里单位始终贯穿着行人优先和社区交通宁静化的思想。但从实际运用来看，由于商业区位于外围，社区内部的用地功能单一，实际步行距离较远，且缺乏公共交通的连接，导致社区内部缺乏活力。而由美国建筑师斯坦（Clarence Stein）和规划师赖特（Henry Wright）于1929年所设计的雷德朋（Radburn）社区，在邻里社区的基础上以"适应机动化的时代"和"人车分流"为目的又将社区内部的道路改为尽端路的形式，进一步阻断了小汽车穿越社区的可能。但实际上，尽端路的设计同时也阻碍了行人的通行，拉长行人的绕行距离，与邻里社区理论中行人优先的思想相悖。由于雷德朋社区的设计适应了机动化时代的需要，成为当代西方超大街区的奠基之作，并助推了城市的蔓延和扩张。

　　在20世纪60年代以前，美国的门禁社区主要存在于富人区。但到了20世纪70年代，美国的一些养老度假社区开始以封闭社区的形式出现。到了20世纪80年代，门禁社区开始在郊区中产阶级社区和乡村俱乐部中大范围地流行起来，此后这股风潮甚至蔓延到了市区。这些门禁社区以排他性的高档物业为特征，为了"安全"，在社区四周设置了门禁和监控来控制"外来者"（包括行人、自行车和小汽车）的进入，反映出中产阶级对暴力犯罪及与公众分享空间资源的恐惧。与此同时，美国的机动化也发展到了一个新的高度，城市蔓延扩展愈演愈烈，门禁社区的盛行也使这些住宅区成为一个又一个的城市孤岛。截至1997年，估计全美已有多达2万个封闭式住宅区，合计超过300万户单元。

　　从时间和建造形式来看，中国20世纪90年代以来的居住小区规划受到传统大院文化和"美式"超大门禁社区的共同影响，两者的发展模式具有高度的相似性。但是美国的城市市区建成时间较早，仍以街区制为主，市区的门禁社区规模也比较小且并未改变原有的网格状街道格局。而中国的许多城市市区发展起步时间较晚，且受土地财政和旧城改造等经济和政策因素的影响，因而市区内也存在大量的大型门禁小区，导致城市道路网络密度低、绕行距离长、交通拥堵、街道活力不足等问题。

3.封闭社区导致的问题

（1）城市路网密度低，导致出行不便，降低了城市的通达性

封闭社区为了限制"陌生人"的出入，社区内部道路不对外开放，非本社区居民往往需要绕行才能到达目的地。与此同时，为了减少安保方面的投入成本，方便管理，开发商或单位往往都只设置了少量的社区出入口，使社区居民也需要绕行才能进出社区走到外围的市政道路和公交站点。为了实现公共设施投入成本最小化、收益最大化，中国的门禁小区往往占地面积较大，成为尺度接近于居住小区甚至居住区的超大街区。而单位大院则是自成体系的"城中城"，部分单位大院或大学等的占地面积也是非常之大。超大型封闭社区的出现，割断了城市道路的连贯性，并降低了市政道路的密度，使交通集中在主要道路，无法得以有效疏解，既造成经常性的道路交通拥堵，又降低了公交站点的服务水平。

（2）用地功能单一，导致"职住分离"明显，长距离出行需求增加

当代中国的门禁小区受到美国大型门禁社区影响，以至于社区占地规模大、以居住功能为主、公共服务设施稀缺，虽然有商业、教育甚至是医疗配套，但这些设施以服务本社区居民为主，服务水平相对较低，而且往往由于与城市主要的商务办公区距离较远，因而产生严重的"职住分离"现象，加重了通勤时间的城市交通压力。虽然这些门禁小区也有受单位大院的影响，但后者内部的用地功能更为混合，职住都在一地，因此对于交通的不良影响相对较小。

（3）城市出现社会空间分异

对于开发商而言，封闭社区的门禁是为了降低公共服务设施建设及物业管理的成本；对于居民而言，门禁除了带来"安全感"，还能带来身份上的"认同感"——即通过门禁和围墙将自己与外界隔离，展示出自己是属于墙内这个阶层的身份，如某小区业主、某单位职工等。对于高级住宅小区，这更是一种富裕阶层身份"优越感"的展现。但从中国近年来的趋势可以发现，不仅是单位大院和商品房小区，连部分老旧小区和保障性住区也开始加设门禁，这一方面反映出居民与社会的互不信任，另一方面也强化了他们对自己身份的认同。一个又一个的门禁小区，导致中国城市也出现了西方城市那样的居住空间分异现象，成为中国社会阶层分化的缩影。因此，封闭社区不仅给人们的交通出行造成不便，而且也不利于社会的和谐。

城市	北京	上海	天津	兰州	南京	纽约	东京	大阪	芝加哥	巴塞罗那
单位（km/km²）	4	6	4.3	4.2	4.4	13.1	18.4	18.1	18.6	11.2

▲ 国内外部分城市路网密度对比

4.开放街区的探索和实践

（1）新城市主义与"精明增长"

在美国门禁社区和城市蔓延盛行的 20 世纪 80 年代，一些城市学者和规划师开始反思和批判这种发展模式带来的问题，并基于简·亚各布斯（Jane Jacobs）在 20 世纪 60 年代《美国大城市的死与生》一书中提出的观点，以欧洲城市为师，对邻里单位的设计进行了改良，提出了以传统邻里发展（TND）和公交导向发展（TOD）为核心的新城市主义。其中 TOD 观点包括将社区中心由学校改为公共交通站点，以提高社区与外部的交通联系；将商业和办公用地从社区边缘改为公交站点周边，而机动车停车则放在社区的边缘，并对车位数量加以限制；提高社区内用地的混合性；以行人和自行车为优先进行交通设计，并提倡交通与用地一体化的规划等。这些观点如今已得到规划界和交通界广泛的认可。

21 世纪以来，美国城市规划已经转向通过"精明增长"实现城市的发展。即通过利用存量土地，提高建筑和路网密度，提倡紧凑式的发展；改善市区的公共空间、公共交通、慢行交通等公共服务设施，推动旧城的复兴，遏制城市往郊区继续蔓延。通过这些策略，已经有城市成功地将新增的人口和投资更多地集中在已有的建成区，如波特兰市着力于步行和自行车交通设施条件的改善，使得波特兰在城市开发中减少了土地消耗和机动车交通，同时也减少了空气污染。从 1997 年到 2014 年之间，波特兰市人口增长 50%，但土地面积仅增长 2%，有效地遏制了城市蔓延，实现了城市的"精明增长"。

（2）中国地方政策的探索

面对大型封闭小区带来的种种问题，中国的一些城市政府和开发商开始积极地作出改善的尝试，如广州早在 2005 年发布的《广州市城市规划管理技术标准与准则（修建性详细规划篇）》

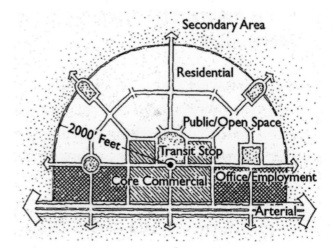

▲ 彼得·卡尔索普（Peter Calthrope）提出的 TOD 模型示意图，图中社区中央为公交站点和商业区

就提出："小区内主要道路至少应有两个出入口，居住区内主要道路至少应有两个方向与外围道路相连；机动车道开向外围城市道路的出入口数量应控制，其出入口间距不应小于 150 米；人行出入口间距不宜超过 80 米，当建筑物长度超过 80 米时，应当在底层加设人行通道；居住区内道路（不含宅前小路）应满足市民的公共通行和特定车辆的使用需要，保证必要的对外交通联系，任何单位和个人不得擅自封闭。"其中，"不得擅自封闭居住区内道路"的要求在当时一度引起过广泛的争议。因此，广州又在 2012 年新版的《广州市城乡规划技术规定（试行）》中将相关规定改为"建筑区划内的道路划分为城镇公共道路和业主共有道路。任何单位和个人不得擅自封闭使用城镇公共道路。"

成都市建委发布的《成都市"小街区规制"建设技术导则（2016 年版）》提出"对居住型街道现状小区及单位大院的围墙进行改造，有条件的进行拆除；因安全需要保留的围墙宜适当后退红线，后退距离宜不小于 1 米，围墙外侧进行绿化；围墙内部景观较好的小区宜以通透的栏杆、绿篱等替换现状围墙，内部景观较差的可保留实体围墙并进行艺术化处理；围墙上增加攀爬的植物、花卉吊篮等"。与此同时，该导则还提出了街道设计的相关规定，如"在交叉口处理方面，遵循三大原则：交叉口应适当减小道路红线切角值，宜采用小切角形式；交叉口应确保机动车驾驶的安全视距；转弯半径宜控制在5米以内，降低机动车转弯速度，提高行人过街的安全性"。并计划"用5年时间完成100个小街区提升"。但成都的这个"小街区规制"并未对街区的大小尺寸提出明确的要求或指导意见。

（3）中国开放式街区实践案例

1）广州六运小区：老旧小区的开放

六运小区位于广州天河体育中心以南，占地面积22.5万平方米，常住人口约为17618人（2014年）。因体育中心曾为第六届全国运动会的主场馆，这个在六运会后修建的小区因此得名。六运小区主要由9层的中高层住宅组成，具有商品房小区的典型特征。20世纪90年代初期，六运小区内部只有社区型便利店和五金店。1996—1997年间，与六运小区一路之隔的大型购物中心天河城、宏城广场相继开业，广州地铁一号线也通车运营。购物中心和地铁的出现造就了大量的工作岗位，极大地提升了小区周边的人流量。而这些人员的出现催生了餐饮等新的市场需求，促使六运小区首层的居民开始把其住房改作商用，并"破墙"开店，使六运小区从一个封闭小区变为半封闭的小区。2003年，位于六运小区东北侧的正佳广场开业后，六运小区所在的天河南区域变得越发中心化，吸引了不少人到此开设商铺、餐馆、咖啡厅及酒吧，几乎所有的住宅底层都改成了商业用途，使整个区域转变成一个开放和功能混合的社区。2005年底广州地铁三号线开通后，六运小区的可达性进一步提高。虽然市政府和部分居民对于六运小区"住改商"的态度一直摇摆和反复，但市场的力量还是让六运小区拆掉围墙、取消门禁，彻底开放。

2009年，六运小区成为广州新城市中轴线的一部分。为了迎接亚运会，政府对其进行了更新改造，包括改善基础设施、将小区步行化、重新设计景观和建筑立面、交叉口采用小转弯半径、

▲ 广州

设置护柱和花坛限制机动车的停车和行驶空间等。小区的停车需求通过使用周边的路外停车库和路内电子计时表停车场来消化。2010年改造完成以后，六运小区升级为一个完全开放和步行友好的混合功能区域，加上快速公交系统（BRT）的开通进一步提升了这里的可达性，小区首层的租金比改造前上涨了一倍。在改造完成两年后，二手房房价又上升了50%。

2）香港黄埔花园：开放式的超大社区

香港黄埔花园坐落于旧时的九龙船坞。虽然不在中国内地，但是这个小区占地面积大、居民人口众多，具有与内地城市社区类似的特征，因此在此用作案例参考。黄埔花园是一个占地16万平方米的综合发展项目，共有88栋16层的住宅塔楼、10431个35平方米到123平方米不等的住宅单位，居民大约为3.2万人。

▲ 香港黄埔花园

但黄埔花园并非单纯的住宅区，而是一个包含了商业街、购物中心、公共交通终点站、学校和娱乐设施的综合社区。

作为一个超大社区，黄埔花园并没有设置围墙和社区级的门禁，其安保管理是通过在每座塔楼配备保安和监控实现的，即门禁是设置在每座楼的入口，而非通过围墙将小区与外界隔离起来。因为这种分散化的社区管理，黄埔花园的公共空间、街道和商业等公共设施可以实现与社会的共享，并使社区很好地融入香港以"小街区、窄马路"为主的城市肌理中。由于距离地铁和公交站很近（步行不超过5分钟），大部分的居民都是通过步行进出社区的，其中公交车（包括小巴）是居民最主要的出行方式，比例达68%。因此，虽然黄埔花园的停车配建比例很低（约每5户一个车位），但并没有对居民的生活造成不良影响，反而提高了生活质量。居民通过步行就能直接到达学校、服务设施、商店和公共空间，这些都有助于建立社区的认同感和安全感。与此同时，这种良好社区氛围、开放的步行环境，以及便捷的公共交通连接，也促使了这里的商业发展。

3）开放街区并不是地域特例

开放式小区不仅在珠三角地区，笔者在其他城市也见到了类似的实践，如北京的建外SOHO、新城国际公寓等。建外SOHO是没有围墙的混合开发社区，里面的建筑有办公、商业和居住用途，其安保是通过巡逻的保安、监控和大楼入口门禁实现的，而非围墙。新城国际公寓则是将街区分成了四个组团进行管理，组团之间的空间作为步行广场和商业街区开放给公众进出。由于这里有很好的步行环境，许多高级餐厅、超市、国际幼儿园都坐落在这个地方，也使得这里吸引了许多高收入者和外国人居住。由此可见，小区开放也并不意味着治安会变差；与此相反，由于人流量变大，人与人之间组成了"街道之眼"监管着整个社区，从而使社区更加安全，并有效地提高社区的商业活力。

5.国外开放式街区的起源及规划

从里坊制到市坊制，从城市蔓延到精明增长，从单位大院、门禁小区到开放街区，历史仿佛走了一个巨大的轮回，也指引着我们城市的发展趋势。这个趋势也深刻地体现在国家最新的政策上：2016年2月21日，中共中央国务院发布了《关于进一步加强城市规划建设管理工作的若干意见》，文中提到"新建住宅要推广街区制，原则上不再建设封闭住宅小区。已建成的住宅小区和单位大院要逐步打开，实现内部道路公共化，解决交通路网布局问题，促进土地节约利用。""树立'窄马路、密路网'的城市道路布局理念，建设快速路、主次干路和支路级配合理的道路网系统。打通各类'断头路'，形成完整路网，提高道路通达性"等要求。

虽然《意见》一出，社会上对此充满了争议，但本章笔者作为城市与交通专业的学者，纵观国内外城市的发展历程，以及当前世界优秀城市的发展策略，认为这反映出我国政府已经意识到大型门禁社区、宽马路这种粗放式、汽车导向式的城市发展对环境和人民生活造成的不良影响，并找到了改善的方向和有效途径。即通过建设开放街区提高路网密度、打通城市的毛细血管，大力推动慢行交通和公共交通的发展，改善城市交通的通达性，打破用地和社会阶层的隔阂，实现城市的可持续发展。

"开放式街区"（Open Block）的理念由法国建筑师包赞巴克（Christian de Portzamparc）提出并应用到巴黎欧风路住宅（Les Hautes Fromes）和马塞尔新区（Quartier Masséna），提倡街区围合但不封闭，建筑沿街布置，形成变化丰富的界面。

后来提出的绿色开放式街区理念（Green Open Block）提倡更详细的概念：开放式街区以独立的建筑沿街高低虚实搭配组合，街区围合但不封闭、自由活泼而不压抑呆板；各建筑单位相对独立，密度和阳光并存不悖；沿街建筑立面体量变化丰富、处理灵活；建筑体量错落、多元丰富且可变性强；规范提出体量组合方式的规则；需要建筑师变换出形态各异的建筑布局；结合项目设计开放式商业以及在社区内部设计开放式园林等。

（1）复合型开放式社区——国王十字（King's Cross）改造社区

随着城市的可持续发展，开放式的社区开始向复合型的邻里社区发展，比较成功的案例是英国伦敦的国王十字社区城市更新项目。国王十字中心区域邻近伦敦大型的交通枢纽圣潘克拉斯（Saint Pancras）火车站和国王十字火车站，改造前是伦敦中心区最大的低效利用的地块，红线范围内多为交通附属功能的建筑。

以 TOD 发展分析，以两个火车站为圆心，该地块大部分区域在 10 分钟可步行到达的范围，20 分钟步行半径可完全覆盖的范围。这为该区域发展成为公交导向发展社区提供非常有利的先天条件。

社区占地面积约 26 万平方米，计划分三期共 12 年完成改造，自 2008 年开始先从绿地公园和运河的公共空间为启动点进行改造，在保留部分有历史价值的建筑物的基础上建造新的建筑和路网，逐渐建设内部的公共空间，至 2017 年第二期将会完成大部分的社区建筑，并预计 2020 年第三期完成全部改造。

改造后项目平均容积率为 2.9，小地块容积率达到 4.6，建筑总密度为 49%，建筑物平均层数控制在 8 层。地块周边本身就是配套完善的混合区域，包括居住、酒店、图书馆、商业、公共交通等服务设施。改造后该区域建筑总面积约为 50 万平方米，将会容纳 5 万人在社区学习生活和工作。社区的混合功能包括 31 万平方米的办公，4.6 万平方米的商业配套，提供 92 间房间的酒店，2 千个单元住宅，一所艺术大学以及其他教育文化设施。

建筑结合功能形成立面的多样化，保留的建筑带有历史感，新建的建筑既有现代风格，也有简约古典风格，识别感强，同时能结合周边环境，形成很好的混合氛围。

改造过程中，地块非常尊重周边的城市肌理。设计师把场地切割成较小的街区，新增加的 20 条街道占用地面积的 15%，社区内部以非机动车为主导。密集的步行和自行车网络连接运河和其他社区，为生活在该复合社区的不同人群提供更多的路径选择可能性，同时大大增强同城市的链接和交流。

密集的路网同时结合丰富的公共空间设计，其开敞空间超过11万平方米，约占32%的用地面积。社区创造1000米长的运河河岸和8000平方米的公园空间等共10个公共空间，同时还包括绿化公园、儿童公园、露天市场、露天展览空间、户外健身场地、运河休闲空间以及商业步行街。这些公共空间同时提供各类型的日间及夜间的休闲文化活动，结合繁荣的商业配套，让整个社区实现全天24小时、全年365天无休的模式。

对于这样的复合型的开放式社区，成功的经验值得我们借鉴：

①重视提升公共交通、地铁和自行车的接驳和连接性，实现公共交通最后1千米的可达性；

②让城市改造区域的路网融入周边现有的城市肌理中，实现更好的通达性；

③保留和重新切割地块，控制并创造可步行的地块的尺寸，避免超大街区；

④注重街道和公共空间的设计并将其置于规划和建设的优先级，实现更人性化的设计；

⑤多种模式混合的用地开发，实现24小时的运营模式，并大大减少通勤距离，高效利用地块的土地资源。

（2）《TOD 标准》（*TOD standards*）对TOD 开放型社区的评估

美国发展政策与研究所（ITDP）结合"城市生活中的交通八原则"，制定公交导向发展的评价标准，简称《TOD 标准》，包括：步行——发展鼓励步行的街区；自行车——优先发展自行车网络；连接——创建密集的街道网络；公共交通——支持高质量公共交通；混合——规划多功能混合社区；密集——将密度与公共交通运力相匹配；紧凑——创造短距离通勤的紧凑区域；转变——通过规范停车和交通使用来增加城市机动性。

该标准是一套评价、认证和政策引导的量化工具，并强调开发建设项目与公共交通的连接与整合，以及其对鼓励公共交通出行、步行和绿色骑行与减少私人汽车的使用等方面所体现的作用。

伦敦的中央圣吉尔斯法院（Central Saint Giles Court）为该评价标准的应用案例，具体内容如下。

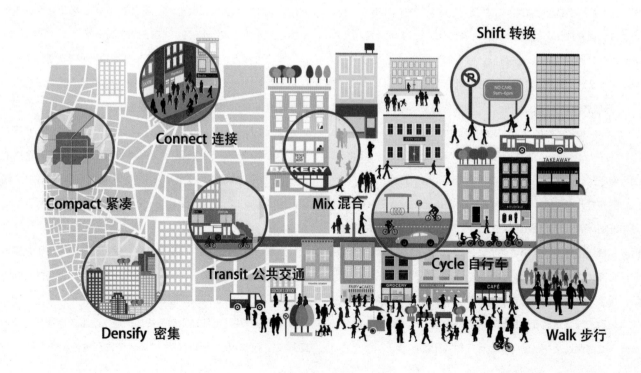

▲ 美国发展政策与研究所（ITDP）以城市交通生活八原则为基础提出了 TOD 评价标准

步行系统：人行道达到 99% 覆盖面；具备人行过街设施；85% 以上的活跃的街道界面；建筑界面的可渗透性，每 100 米的沿街面有人行出入口；100% 的遮风挡雨设施。以上 5 项分别得满分。

自行车系统：安全完整的自行车网络，车速控制在 30 千米 / 小时；建筑物内安全的自行车存放空间；允许自行车进入建筑物。以上 3 项分别得满分，另外拥有公共自行车站点成为加分点。

连接系统：人行交叉口达到每平方千米有 130 个的密度；98% 以上的街区口的距离不超过 150 米；步行和自行车出行比机动车更便捷。以上 3 项均得满分。

公共交通系统：到达公交站点最远的步行距离为 300 米，得满分。

混合功能：109 居住单位加首层餐饮，3.7 万平方米的办公面积加首层餐饮，提供多元互补的使用功能，减少出行距离；49% 以上的居住单元为廉租房。以上 2 项均得满分。

密集：居住密度超过 141 单元 / 净万平方米；3.7 万平方米的办公加 0.2 万平方米的餐饮，非居住建筑密度达到 5.7 万平方米 / 总占地面积。以上两项均得满分。

紧凑：项目四周皆为建成区域；项目位于中央商务区（CBD），便捷到达城中心任何区域。以上两项均得满分。

转换：整个项目仅有 10 个停车位；12% 道面没有路内停车。以上两项均得满分。

整个项目全得满分（100 分），获得《TOD 标准》的金牌。

该案例位于伦敦的 CBD 商务区，也是谷歌（Google）的办公所在地。以上通过结合《TOD 标准》的原则和得分点，来诠释该开放型社区的可持续发展的先进性，进一步加强对开放式街区（社区）的认识和理解。

事实上，去年国内提出的"开放式街区"的理念，在世界各地已经有很多成功案例，有些案例更结合 TOD 发展、生态理念、多元化发展、智能化设计等先进的可持续发展模式和技术，为我们展现更人性化设计的社区。

在国内，也有不少本土建筑师和城市设计师借鉴国外的经验并结合中国的国情，完成或者正在完成一些新型的复合型开放社区设计，亦称为综合体项目。

笔者期待这些建成的或在建的社区，能成为人们创建宜居的环境，创造友好兴旺的邻里，推动城市的良好发展的最佳范例。

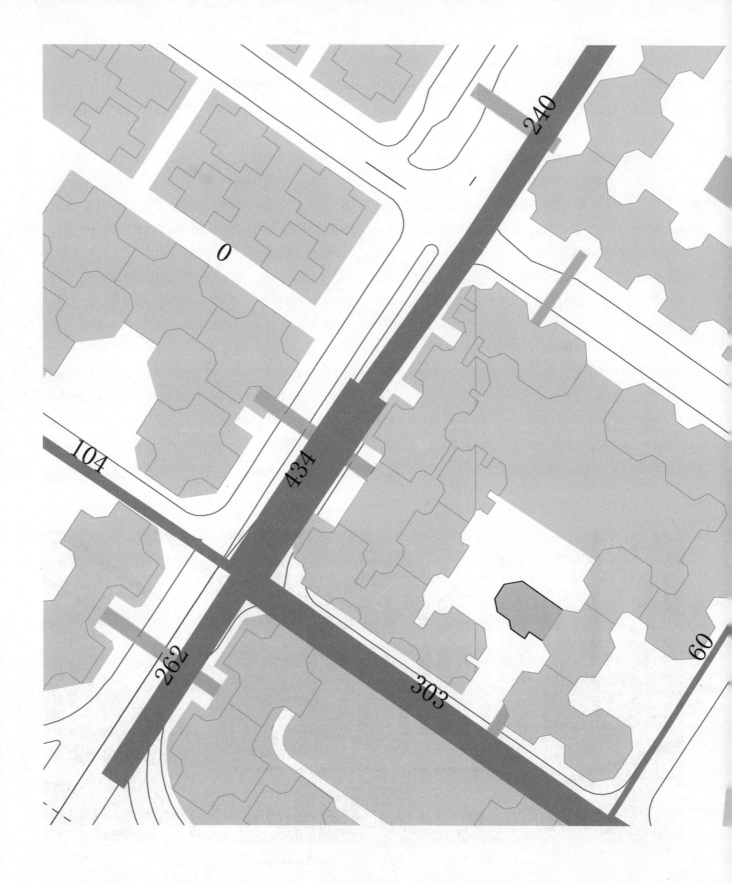

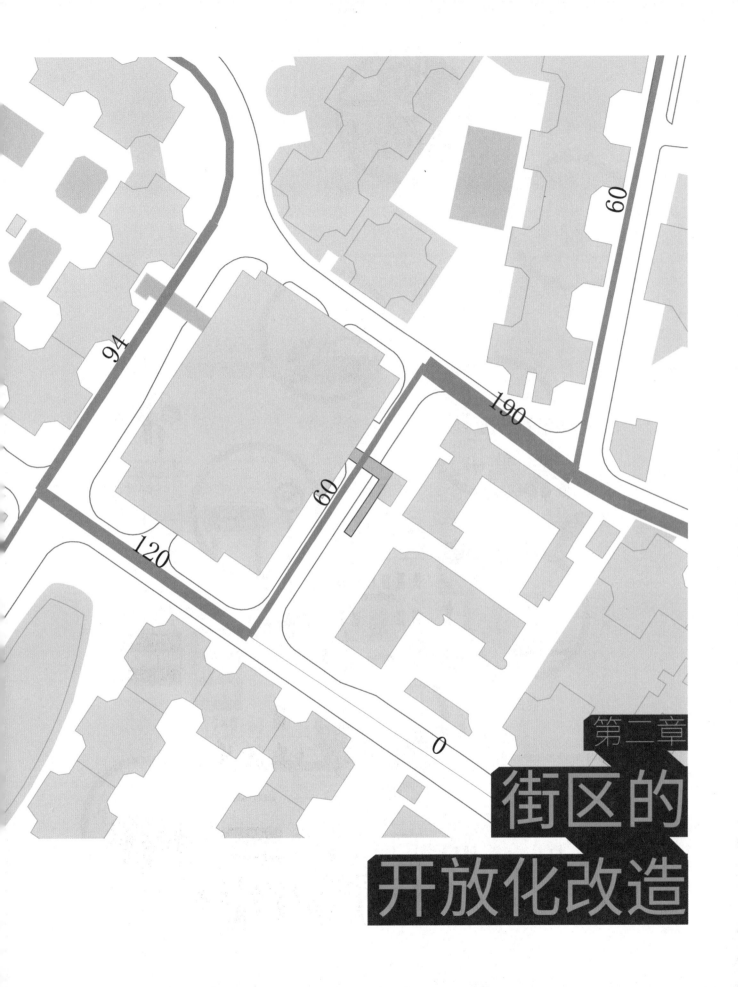

第二章

街区的
开放化改造

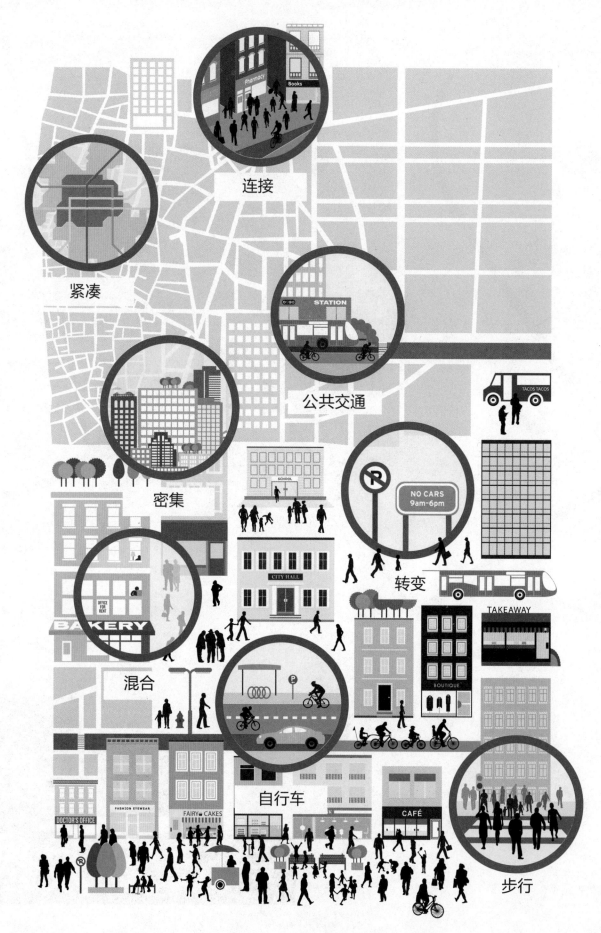

连接

紧凑

公共交通

密集

转变

混合

自行车

步行

1.公交导向发展原则及评价标准

原则 1　步行

对于短距离出行而言，步行是最自然、经济、健康和清洁的模式，也是绝大部分公共交通出行的必要组成部分。因此，步行是构建可持续交通的基础。活跃热闹的步行路径和街道，沿途布置着便利人们的服务和资源，这可使步行成为一种愉悦而富有成效的出行方式。同时，步行是一种运动，对环境条件高度敏感。使步行更加吸引人的关键因素构成了"原则 1"的三个目标：安全、活跃和舒适。距离短、路径直接等其他重要因素将在"原则 3 连接"中讨论。

◎ 目标 A：安全和完整的步行网络

城市步行适宜性的最基本的要求是有安全的步行网络连接所有建筑和目的地，所有人都可以使用而且受到保护，与机动车隔离。不同的街道设计都可以达到这一目的。步行道和行人过街系统的完整性由"标准①步行道"和"标准②行人过街"衡量。

◎ 目标 B：充满生气、活跃的步行环境

如果步行道活跃热闹，而且沿途分布着各种相互支持的活动，布置了人们所需的商业餐饮等服务，那么步行便具有吸引力，安全而高效。同时，大量的人流和自行车流大大增加了商业的人气和生命力。"标准③视觉活跃的界面"衡量的是人行道与相邻的底层建筑内部的视觉联系，这些建筑可以是商店和餐厅，也可以是工作坊和住宅。相似地，"标准④活动渗透的界面"考察的是街区界面通过商铺、建筑大堂、庭院和巷道等的出入口所产生的活动联系。

◎ 目标 C：舒适的步行环境

为改善步行环境的舒适性而提供的简单要素，如树木，可以极大增强人们步行的愿望。树木是最简单有效的遮阴设施，在"标准⑤遮阳和挡雨"中有所体现。而且，树木也可以带来许多环境和健康效益。各种遮挡设施，如拱廊和雨篷，也可以增强步行的适宜性。

原则 2　自行车

　　骑自行车是零排放、优雅、健康、经济的交通方式，不仅效率高，而且节省空间和资源。它是一种点对点的出行，线路和时间如步行一样灵活，但可到达的范围和速度又接近许多地方的公交服务。自行车和其他人力交通（如三轮车）激活了街道，并大大增加了公共交通的覆盖范围。但是骑行者是最易受到伤害的道路使用者之一，而他们的自行车也容易遭到盗窃和破坏。

　　鼓励骑自行车的重要因素是提供安全的街道环境和自行车存放点。

◎ **目标 A：安全和完整的自行车网络**

　　TOD 的基本要求之一是一个安全的自行车网络，通过便捷的路径连接所有建筑和目的地。"标准①自行车网络"对此提出了要求。不同类型的自行车通道，包括小径、马路上的自行车道以及适合骑行的街道，都是自行车网络的组成部分。

◎ **目标 B：充足安全的自行车存放空间**

　　虽然自行车占用的空间不大，但是需要安全的停放设施。只有在目的地有自行车架，而且在私人场所有安全的地方供夜间和长时间存放，自行车出行才能具有吸引力。这体现在"标准②公共交通站点的自行车停放"、"标准③建筑中的自行车停放设施"及"标准④自行车进入建筑"中。

原则 3　连接

　　步行和骑行的便捷路径需要一个高度整合穿越小街区的路径和街道的网络。这对于步行和公共交通站点的可达性尤为重要，因为它们容易被绕行的路径所影响。致密的网络提供了多样的路径选择，使步行和骑行更丰富有趣。密集的街道转角、较窄的道路宽度、较低的车速及大量的人流激活了街道活力和地方经济。行人渗透性比机动车渗透性更大的城市肌理可以提高非机动车交通和公共交通的优先级。

◎ **目标 A：步行与骑自行车的路径简短、直接、多样**

　　反映街道连通性最简单的元素是行人交叉口的密度，同时体现了小型的规划尺度。"标准①小型街区"为街区尺度小的开发项目加分。与完整的步行网络相结合，这一标准代表了致密的步行和自行车网络，为人们出行提供多样的路径选择，并使人们可以沿途参与丰富的活动。

◎ 目标 B：步行与骑自行车比机动车出行便捷

TOD 的重要标准是步行与自行车的连通性，而非增加机动车的连通性。"标准②优先的连通性"对比了机动车和非机动车的连通性，并对后者所占比例较高的项目加分。

原则 4　公共交通

公共交通连接和整合了城市的各个部分。《TOD 标准》衡量到达高容量公共交通服务的距离和便捷性，而高容量的公共交通是指 BRT 或者轨道交通，这是《TOD 标准》的基本要求。高容量公共交通的角色非常重要，因为它是高效、公平的城市交通，支持高密度和集约的开发模式。支撑城市交通需求的公共交通种类多样，包括低运力和高运力的公交、出租车、双铰接客车及轨道交通。

◎ 目标 A：可步行到达大容量公共交通站点

在公共交通站点 1 千米以外的项目不能归类为 TOD。项目与高容量公共交通站点的最大距离不应超过 1 千米，步行 15~20 分钟。在靠近站点处建设更高密度的项目，可以使更多的人更便捷地到达站点。"基本要求：到达公共交通的步行距离"认同支持短距离步行连接各类服务和公共交通的项目。

原则 5　混合

如果在较小的区域范围内可以混合各种互补的功能和活动（如居住、工作和零售商业），并保持平衡，那么许多日常的出行距离便可缩短，并可步行完成。不同功能的高峰时间不同，安全活跃的街道，可鼓励步行和骑行，创造充满生气的宜居环境。来往通勤的交通流和谐平衡，可使交通系统运行效率更高。住宅价格的多样性使职工可以住在接近工作地的地方，同时防止较低收入居民被安置在城市边缘。这部分居民往往更需要经济的公共交通，如果他们居住在城市边缘，也容易使他们变得依赖机动车出行。因此，该原则的两个目标旨在达成土地功能混合和居民收入混合的平衡。

◎ 目标 A：提供多元互补的使用功能，缩短出行距离

混合互补的功能，可以把大量日常的出行缩短至步行的范围之内。"标准①功能互补"着眼于项目中的居住与非居住功能的混合。"标准②获取新鲜食物"以新鲜食物的可达性作为检验地区能否简便获取日常供应产品和服务的标准。同时，食物是日常生活的基础，能够步行去购买食物可以确保更高质量的生活。

◎ 目标 B：缩短较低收入群体的通勤距离

"标准③低收入住房"为提供低收入住房的混合项目加分。

原则 6　密集

在集约密集的城市形态中吸纳城市增长，城市需要竖向发展（密集化），而非横向发展（扩散）。而沿公共交通走廊的高密度发展可以支持高质量、高频率和连通性好的公共交通服务，并帮助产生更多的资源用于公共交通系统的改进和扩张。由公共交通引导的发展密度可以营造热闹的街道，保证站点区域活跃、充满生气，且安全宜居。高密度发展带来了人流，支持广泛的休闲服务，使地方商业蓬勃发展。正如许多世界上最著名、最受欢迎的社区所印证的，高密度的居住可以非常吸引。制约密集发展的因素有日照要求、空气流通的需求、公园和开放空间的供给以及自然、历史和文化资源的保护。该原则的目标强调支持高质量公共交通和地方服务的居住和非居住密度。

◎ 目标 A：高密度住宅与商业支撑高质量的公交和服务

"标准①土地利用密度"为比相似的项目密度更高的开发加分。公共与私人部门必须共同合作，增加居住和非居住的建设密度，同时适合地方发展的条件。

原则 7　紧凑

　　组织城市发展密度最基本的原则是集约发展。在集约的城市或地区，不同的活动和功能都分布在便利的位置上，最大程度地减少出行的时间和能耗，把相互作用的潜力发挥到最大。集约的城市出行距离更短，需要较少的大规模、高成本的基础设施（但规划和设计的标准更高），而且优先提高已建成区域的密度可以保留自然环境。"原则 7 紧凑"可以运用在居住区的尺度，创造以公共交通系统为导向的、有良好的步行和自行车连通性的空间整体。该原则下的两个目标注重开发项目与现有城市活动的距离，以及主要的出行产生地与中心或区域的目的地之间的出行时间。

◎ **目标 A：开发项目在现有的建成区内**

　　该目标是鼓励高密度高效率地使用已经被开发的而现在被闲置的用地。"标准①城市基地"要求开发项目坐落于或紧邻建成区。

◎ **目标 B：城市中便捷的短距离出行**

　　"标准②公共交通选择"鼓励为项目提供多样的公共交通模式，包括高容量的公共交通线路和辅助的线路。多样的公共交通选择可以满足不同的乘客需求，鼓励不同出行范围的人们更多地使用公共交通。

原则 8　转变

　　当城市遵循上述 7 个原则，日常生活中私人汽车的需求会大大减少。步行、自行车和高容量公共交通的使用变得更方便，而且中等运量的公共交通和对空间要求更低的汽车共享也可以作为补充。城市空间资源数量少、价值高，而这些原则和目标可以把不必要的道路和停车空间转换成社会和经济效益更高的用途。

◎ **目标 A：机动车所占用的空间最小化**

　　"标准①路外停车"赞许较少的路外停车空间。"标准③ 路内停车和机动车交通空间"鼓励减少机动车所占的道路空间和路内停车。
　　同理，"标准②机动车出入口密度"衡量步行道被机动车出入口打断的频率，并鼓励最大程度的减少行人网络所受到干扰。

原则 1 步行	原则 2 自行车	原则 3 连接	原则 4 公共交通
15 分	5 分	15 分	TOD 基本要求
目标 A: 安全和完整的步行网络 **标准① 步行道（3 分）** 安全的、轮椅无障碍通行的步行道所占街区边界的百分比 **标准② 行人过街（3 分）** 在各个方向都有安全的、轮椅无障碍通行的人行横道的交叉口的百分比	**目标 A:** 安全和完整的自行车网络 **标准① 自行车网络（2 分）** 安全的骑行路段占街道总长的百分比	**目标 A:** 步行与骑自行车的路径简短、直接、多样 **标准① 小型街区（10 分）** 典型街区的长度（长边）	**目标 A:** 可步行到达大容量公共交通站点 **基本要求：到达公共交通的步行距离** 到达最近的公共交通站点的步行距离（米）
目标 B: 充满生气、活跃的步行环境 **标准③ 视觉活跃的界面（6 分）** 公共步道与建筑内部活动可以产生视觉联系的街区边界所占的百分比 **标准④ 活动渗透的界面（2 分）** 平均每 100 米长的街区界面所含商店或建建筑人行出入口的数量	**目标 B:** 充足安全的自行车存放空间 **标准② 公共交通站点的自行车停放（1 分）** 在高容量的公共交通站点提供多泊位的安全的自行车停放设施 **标准③ 建筑中的自行车停放设施（1 分）** 提供安全的自行车停放设施的建筑的百分比 **标准④ 自行车进入建筑（1 分）** 允许自行车进入建筑内部，以及在建筑管理区域内提供自行车存放处	**目标 B:** 步行与骑自行车比机动车出行便捷 **标准② 优先的连通性（5 分）** 行人交叉口与机动车交叉口的比值	
目标 C: 舒适的步行环境 **标准⑤ 遮阳和挡雨（1 分）** 有足够的遮阳和挡雨设施的步行道片段的百分比。			

原则 5 混合	**原则 6 密集**	**原则 7 紧凑**	**原则 8 转变**
15 分	15 分	15 分	20 分
目标 A: 提供多元互补的使用功能，缩短出行距离	**目标 A:** 高密度的住宅和工作场所支撑高质量的公共交通和地方服务	**目标 A:** 开发项目在现有的建成区内	**目标 A:** 机动车所占用的空间最小化
标准① 功能互补（10 分） 居住和非居住功能在同一个街区或相邻街区中整合	**标准① 土地利用密度（15 分）** 平均密度与当地条件相比较	**标准① 城市基地（10 分）** 基地紧邻建成区域的边界数量	**标准① 路外停车（10 分）** 所有路外停车的面积占总用地面积的比例
标准② 获取新鲜食物（1 分） 在现有或规划的新鲜食物供应场所 500 米半径范围内的建筑所占的比例			**标准② 机动车出入口密度（2 分）** 平均每 100 米街区界面的机动车出入口数量
			标准③ 交通空间（8 分） 用于机动车通行和路内停车的道路总面积占总用地面积的百分比
目标 B: 缩短较低收入群体的通勤距离		**目标 B:** 城市中便捷的短距离出行	
标准③ 可支付住房（4 分） 可支付住房占居住单元的比例		**标准② 公共交通选择（5 分）** 在步行距离以内设有站点的不同公共交通线路的数量	

2. 广州六运小区

项目地点： 中国，广州市天河区，天河体育中心南边、珠江新城北边

项目面积： 22.5 万平方米，以体育西路、黄埔大道西、体育东路以及天河南一路为界

建成时间： 1989 年

土地性质利用： 商住混合

人口： 17618 人（天河南街道办 2014 年数据）

项目发起方： 广州市天河区政府

项目设计单位： 广州市天河建筑设计院

项目总投资： 2.3 亿元人民币（亚运整治工程估价金额，包括街道整治、建筑立面翻新、排水系统更新、景观设计等）

项目出资方： 广州市城市投资有限公司（广州市政府）

交通区位： 无车社区，5 分钟步行距离范围可达体育西地铁站、天河体育中心 BRT 站、天河南旅客自动输送（APM）站以及黄埔大道 APM 站

发展历程

1987 年

第六届全国运动会顺利举办期间，位于主场馆南侧的六运小区规划也顺利获批

1989 年

六运小区建成

1990 年

为补足当地居民需求，小区内便利店及五金店等陆续开业

1996 年

部分天河南一路上的小区围墙因沿街饮食业的发展而拆除

2000 年初

"住改商"模式被市政府禁止

2000 年底

"住改商"模式被市政府重新支持

2003 年

"住改商"模式在社区普遍发展起来

2005 年

"住改商"模式再次被市政府禁止

2006 年

市政府引入相应政策规范"住改商"模式

2007 年

《广州市天河区商业网点发展规划 (2007—2020)》把天河南片区（含六运小区）定位为集休闲娱乐的商业中心，并明确此片区的"住改商"模式需被合法化

2009 年 **8** 月 – **2010** 年 **9** 月

亚运会整饰工程动工，此后六运小区被改造成完全步行化的区域

2014 年

推进"干净、整洁、平安、有序"的城市环境建设活动开启，六运小区环境得到进一步的改善

"住改商"的基本流程（采访街道办整理所得）：
· 向居委会申请"住改商"的许可；
· 如果申请符合商业网点规划，即可获得规划部门的批准，并在街道办、居委会和网络进行公示；
· 如果利益相关者（同一座楼的住户）同意这个用途更改，则这个申请可以获得通过。然后申请人就可以向街道的租赁管理中心申请"临时商业牌照"了；
· 工商部门颁发"住改商"牌照。

六运小区坐落于城市中轴线及中心商业区，地铁及 BRT 均可到达。小区内部主要由 9 层的中高层建筑组成，这些建筑坐落在以公共空间主导的小尺度街区，并仔细界定和限制了机动车的活动空间。尖锐的拐角和分割的道路使汽车的活动空间和车速控制到最低，使其得以有更多的步行与绿化空间。街区内部是绿树成荫并开放给居民使用的花园，这里的开放区域大部分都是用作步行空间和绿化。这里的停车位供给非常有限，并控制在小区外围。

六运小区的故事始于 1987 年，那时正值广州举办第六届全国运动会，作为会场所在地的天河当时还只是一个新区。六运会后，政府开始开发天河体育中心周边的区域。于是，1989 年在体育中心南部建成的住宅小区——六运小区，则成为六运会的重要遗产之一。最初，六运小区内并无任何商铺，周边环境也处于未开发的城市边缘状态。20 世纪 90 年代初，一些社区型便利店和五金店在住宅首层相继开业。然而直到 1996 年 8 月天河城百

货商场的开业，六运小区的生活才有了翻天覆地的改变。天河城是一个大型购物中心，位于六运小区的西北方向，两者仅相隔一条天河南一路。由于天河城造就了大量的工作岗位，而这些工作人员的出现催生了新的市场需求，促使天河城对面的六运小区居民将小区围墙拆除，以方便发展餐饮业——这是六运小区最早的真正意义上的"住改商"实践。1997 年，宏城广场开业，同期广州地铁一号线通车运营。紧邻天河城的体育西路地铁站和宏城广场附近的体育中心地铁站，为这个片区带来每天成千上万的人流量。尽管六运小区当时仍是一个半封闭的小区，如此庞大的市场需求促使更多的首层住户把其住房租作商用。这股"住改商"的趋势从天河南一路开始，迅速蔓延至六运小区内部。

尽管广州市政府于 2000 年初禁止了"住改商"的做法，但国有企业改革中的下岗工人潮推动了政府对此政策作出修改。从 2000 年底至 2002 年，市政府推出一系列鼓励"住改商"模式的政

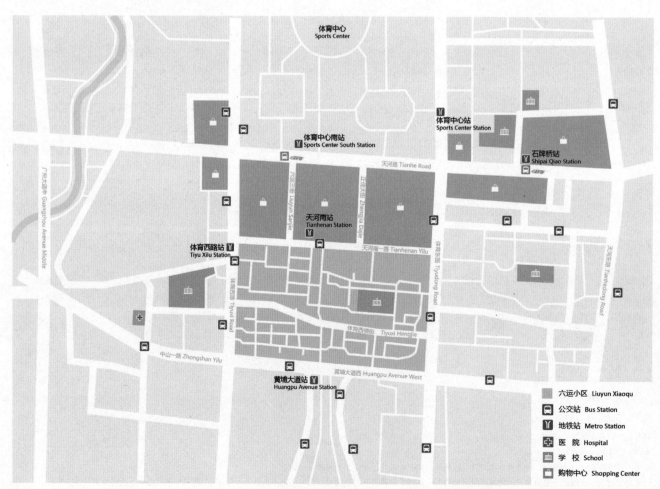

▲ 六运小区区位图

▲ 六运小区周边的 BRT 车站

策以创造更多的就业岗位，同时，市政府致力于推动天河南区域成为主要商业中心。位于六运小区东北侧的正佳广场于 2003 年开业后，天河南的中心区位得到进一步加强。由于六运小区是天河南区域一个主要组成部分，这个社区变得来越知名，吸引了不少人到此开商铺、餐馆、咖啡厅及酒吧。六运小区的"住改商"也从 2003 年开始更加盛行，几乎所有的住宅首层都改成了商业用途，使整个区域转变成一个开放和功能混合的社区。

2005 年，市政府重新勒令禁止"住改商"模式。然而，市场的力量迫使政府再次修订此项政策。2006—2007 年期间，市政府出台新政规范住宅小区内商业活动，并且天河区政府在《广州市天河区商业网点发展规划（2007—2020）》中把天河南片区（含六运小区）定位为集休闲娱乐的商业中心。自此，只有获得有关部门的许可才能进行"住改商"的活动。

2009 年，六运小区已经成为广州新城市中轴线不可或缺的一部分，并且邻近亚运会主场馆。因此，天河区政府向广州市政府提出更新改造六运小区，改造内容包括改善基础设施、将小区步行化、并重新设计景观和建筑立面。小区的停车需求则通过使用附近的路外停车库和路内电子计时表停车场来消化。改造完成以后，六运小区升级为一个完全开放和步行友好的混合功能区域。

2014 年 11 月，为响应广州市建设"干净、整洁、平安、有序"的城市环境的要求，天河南街道办清理了小区的流动摊贩。据天河南街道办称，此举大大减少了小区的犯罪率和居民对小区环境的抱怨。小区环境和管理水平的提升又吸引了更多的人前来做生意。截至 2015 年 8 月，六运小区已有大概 600 户实现了"住改商"，且这些改变并不只是发生在建筑首层。

六运小区亚运整改项目

主要目标

- 亚运会的城市美化项目。
- 改善天河区的商业环境。

重点设计内容

- 将整个小区步行化，并使用护柱隔离机动车。
- 开放、公共的步行网络。
- 提升步行功能：拓宽了中央步行街。
- 混合：居民楼首层改为商业用途（零售商店、咖啡厅、酒吧等）
- 注重行人设施的细节设计（灯光、植物、遮阳设施、公共座椅和健身设施等）。
- 立面改造。

城市设计特色

- 混合功能：允许居民"住改商"使社区更加活跃。
- 机动车限行和密集的行人网络：社区内的步行网络非常密集，并且通过护柱将其与机动车隔离开来。这不仅改善了小区和周边区域的步行连通性，使更多的人进到这个社区，而且提高和促进了社区内商业的发展。
- 开放式街区：六运小区没有围墙，所有行人和自行车都允许进入，并通过闭路电视和行人作为"街道之眼"保障社区的安全。

- 高密度的开发：六运小区的楼房主要是 9 层高的中高层大厦，符合日照和通风的标准，并为居住和购物提供了宜人的尺度。
- 公共交通：邻近且易于到达公共交通站点（BRT 和地铁），这鼓励了人们使用公共交通和步行，抑制了机动车的使用。
- 景观和公共空间：中央步行街是小区内最大的公共空间，结合商店、广场、植物和遮阳设施设计。这里的街道和广场都有大树遮阴，共同营造出美丽的环境。
- 停车管理：社区内禁止停车，并在周边限制停车。项目在我国开始机动化以前建成，因此基本没有提供停车位。因为缺乏对停车的管理，在步行化改造之前，许多违章停车占据了小区的街道。通过 2010 年的改造项目，社区内部已经实现步行化，必要停车的需求则通过周边的路内和路外停车场得到满足。由于六运小区位于广州的停车收费 1 区，非必要的停车需求则通过较高的停车收费标准过滤掉了。这些举措成功地使六运小区成为一个无车社区，并抑制了人们驾车前往这个区域。

经济效益

- 提高了房地产价格：由于更多的居住单元被改造成商业用途，且人行环境得到了改善，区内的平均住房价格和租金得到了明显的提升，而商铺的租金在 2010 年改造后更是上升了 30%。
- 提高商铺的周转率：六运小区更加开放和步行化之后，吸引了许多市民前来购物和用餐，使更多住户将房子改为商业用途。

改造前（2009 年）

▲ 六运小区中央大街北段人行道窄，且街道被违章停车占据

改造后（2015 年）

▲ 同一角度拍摄的照片可以发现，六运小区中央大街被步行化了，楼房外墙进行了翻新，出入口还通过设置花箱隔离机动车的进入，商业活动也更加活跃了

改造前（2009 年）

▲ 六运小区中央大街的南段停放了许多小汽车，有的小汽车还违章占据了人行道

改造后（2015 年）

▲ 六运小区中央大街的南段在亚运改造中也进行了步行化，并通过使用大量的护柱阻止机动车的进入

社会效益

• 更多活力的社区：与 20 世纪 80 年代末其他社区不同，六运小区不但没有衰败反而繁荣起来，这全得益于小区内的混合开发利用、环境改善、公共交通良好的通达性以及便利可达的各类餐饮购物点。

• 更安全的小区：由于社区内部是禁止小汽车进入的，消除了机动车导致的意外。规范化的商业活动以及人来人往的街道使得片区的犯罪率降低。

• 更健康的居民：社区内禁止使用小汽车，并且有很好的步行路径通达珠江新城和天河体育中心，因此更好地鼓励人们使用绿色的交通出行方式，从而使小区居民拥有更健康的体态。

环境效益

• 减少碳排放：小区区位临近各工作区域点（包括社区内部、天河城、正佳广场、珠江新城、天环广场等），因此通勤距离能大幅度降低。此外，社区是非机动车小区，因此十分依赖于公共交通、步行及骑行等低碳减排的交通出行方式。

• 美化城市环境：六运小区是一个由密集公共空间及绿化打造的步行区块，街区的存在也使城市风貌焕然一新。

改造前（2009 年）

▲ 在六运小区中央大街的中段，小汽车违章占据了人行道

改造后（2015 年）

▲ 六运小区中央大街的中段在亚运改造中也进行了步行化，并通过地下人行连接使行人可以直达轨道车站和位于珠江新城的地下商场

（1）步行

1) 步行网络的完整性

六运小区内部有安全的步行网络连接区域内外几乎所有建筑和目的地，与机动车隔离的道路使区域内的使用者都受到保护，网络符合无障碍通行要求，也有充足的照明；几乎所有的街道都是可保证行人、自行车安全共享的并有绿树遮阴的街道；小区中部东西向的城市生活型支路——体育西横街上，虽有机动车行驶，但也有受保护的专用人行道；六运小区范围内100%的步行网络是完整的。

◀ 分隔明确、宽度足够的人行道

◀ 六运小区内自行车与行人安全共享的街道

2）行人过街

六运小区内部及外围所有交叉口设有完整的行人过街，并有标识宽度不少于 2 米的、无障碍通行的安全人行横道；当人行横道横跨两车道以上（16 米以上）时，设置了可无障碍通行的安全岛。

主要行人过街交叉口示意图 ▶

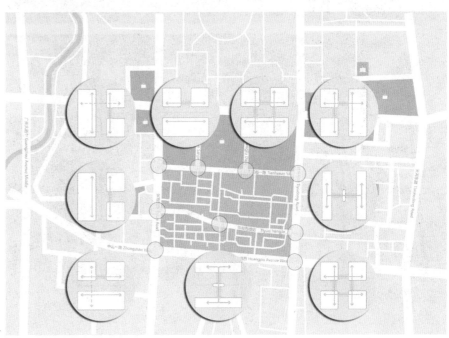

体育西横路上安全的行人过街 ▶

3）视觉活跃的界面

六运小区内部各居住单元首层沿公共步道的一侧多为"住改商"的咖啡厅、餐馆、小型零售店等，外立面均为大面积透明的玻璃材质。居住单元之间设置了可供居民及来访者使用的街头开放绿地空间，空间内配置座椅、康乐活动设施等。六运小区内视觉活动界面高达89.76%。

◀ 六运小区内部步行化，沿街开设许多商店和餐厅

◀ 六运小区内的康乐设施

4）活动渗透的界面

六运小区内沿街界面所含的商店或建筑人行出入口（包括商店、餐厅、咖啡厅、建筑大堂、公园、广场的自行车及人行通道和出入口）众多，能大幅度提高街区界面所产生的活动联系，区域内平均每 100 米长的街区界面所含商店或建筑人行出入口的数量高达 9.34 个。

5）遮阳和挡雨

广州夏天天气炎热，而六运小区内的步行道内的树荫能够提供足够的绿化，并且建筑间距不大，许多路段一天中大部分的时间均能被建筑阴影覆盖，很大程度上增强了人们步行的意愿。在片区中部的体育西横路上，两旁的步行道都有遮阳树木以及多种遮阳挡雨设施，如沿街商铺的檐篷等，增强步行环境的适宜性。区域内部有足够的遮阳和挡雨设施的步行道占片区所有步行道的比率高达 97.85%。

连续且充满活力的沿街商铺 ▶

体育西横路两侧人行道绿树成荫，▶
沿街商铺多设有连续雨篷

（2）自行车

1）自行车网络

六运小区是自行车优化的无车社区，内部虽无专用或隔离的自行车道，但大部分是以行人优先的街道及限速的自行车与行人共享的街道（≤15千米/小时）为主，且通过非机动车交通网络直接与公共交通站点相连；从区域内各建筑到达安全自行车道的步行距离小于100米。

2）公共交通站点的自行车停放

公共交通站点（地铁站、APM站、BRT站、公交站）遍布六运小区片区范围内及外沿，除黄埔大道一侧外，几乎所有沿机动车道的人行道上，均提供了多泊位的自行车停放设施。部分沿街商铺门前也设置了安全的自行车停放设施，对于这个片区的自行车出行极具吸引力。

◀ 六运小区内部对自行车友好

◀ 沿街商铺外的自行车停放设施使用率极高

3）建筑中的自行车停放设施

六运小区片区范围内建筑面积大于 500 平方米或含有 6 个居住单元以上的建筑都被纳入统计分析。若自行车停放设施要求布置在建筑入口外 100 米范围内，且在行人和机动车通行区域外，则表示该建筑提供了充足、安全的自行车停放设施。六运小区内有近 70% 的建筑满足上述条件，且每个自行车停放点能同时容纳 20~30 辆自行车。

4）自行车进入建筑

六运小区以居住、零售、商业建筑为主，不仅小区内部道路对自行车友好，自行车也被允许进入建筑的管理区内。居民或商铺租赁者可自行在私人场所对自行车作夜间和长时间存放，由此保证区域有充分安全的自行车存放空间。

片区内建筑的管理范围内允许自行车进入 ▶

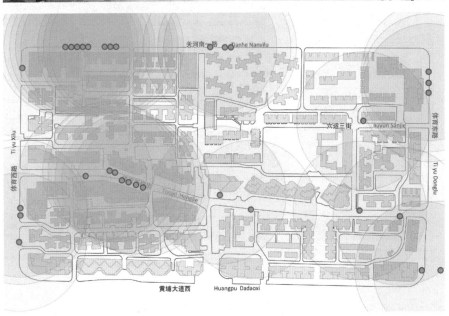

主要的自行车停放点分布 ▶

（3）连接性

1）小型街区

六运小区拥有一个高度整合穿越小街区的路径和街道的网络，密集的网络提供多样的路径选择，丰富步行和骑行体验；统计片区内部各街区长边的长度，推算出能反应街道连通性的人行交叉口密度，以此评判小区内部的步行和骑行的路径是否简短、直接、多样。六运小区整体以小型街区分布为主，东部及南部有部分较大的居住街区，区域内 90% 的街区长边小于 140 米。

2）优先的连通性

步行与自行车的优先连通性是《TOD 标准》中的重要指标，这个指标是通过行人和自行车网络节点数量和机动车网络节点数量的比值来衡量的，其中三路交叉口 =0.75 个节点，四路交叉口 =1 个节点，五路交叉口 =1.25 个节点。六运小区片区的机动车网络节点数为 7.25 个，行人和自行车网络节点数为 42.75 个，从中可知本区域步行与自行车的优先连通性为 5.95:1。

▲ 六运小区内的步行及骑行环境适合各类人群便捷通行及悠闲逗留

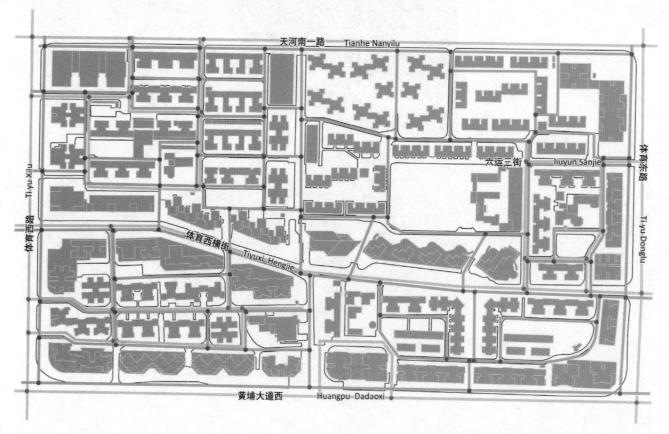

▲ 六运小区的非机动车网络（蓝）和机动车网络（黄）

（4）公共交通

到达公共交通的步行距离

步行至大运量公共交通站点的距离在 1 千米内，或者步行至可直达大运量公交线路的常规公交站点的距离在 500 米内，是 TOD 的一项基本要求。六运小区周边大运量的公共交通站点分别有体育西路地铁站、体育中心地铁站、体育中心南 APM 地铁站、天河南 APM 地铁站、黄埔大道 APM 地铁站以及体育西路 BRT 站，各大运量公共交通站点 500 米服务范围已经基本完全覆盖整个六运小区；另外小区内部及外围也有多个可通往上述多个大运量公交线路的常规公交车站可作为补充，符合 TOD 基本要求。

▲ 六运小区位于体育中心BRT 站的南部，天河城百货（图中右后方）后面

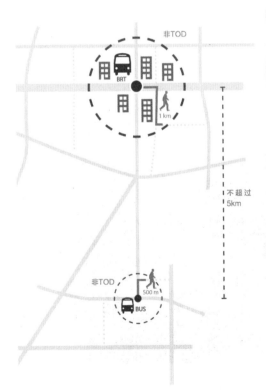

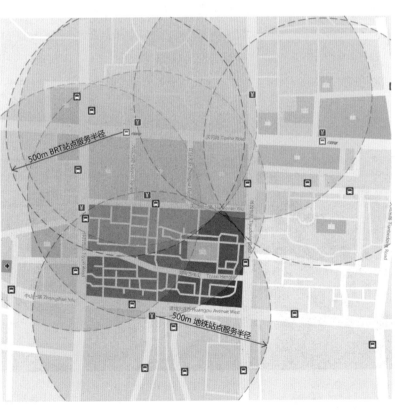

▲ 可步行到达大运量公共交通站点的原则示意　　▲ 六运小区周边站点 500 米服务半径覆盖范围示意

（5）混合利用

1）功能互补

在小区域范围内，若能混合多种互补的功能和活动（如居住、工作和零售商业等）并保持平衡，那么许多日常的出行距离即可缩短，并可步行到达，减少不必要的小汽车出行。同时因为不同功能的使用高峰时间不同，混合的功能分布使街道活跃安全，营造充满生气的宜居环境。六运小区把居住、商业等空间整合到相邻的街区当中，各居住单元首层及部分低层的用途各异（详见045页），包括日用品、餐饮、酒店、个人或社区公共服务、娱乐、商业、医疗保险、教育等，区域内的主导功能（居住）仅占总建筑面积约70%。

2）采购新鲜食物

中国人对采购新鲜食物的依赖较大，这是各家各户日常生活的基础，因此步行可达能采购新鲜食物这一条件是确保更高质量生活必不可少的一部分。选取能提供新鲜水果蔬菜、日常必需品、肉类和海鲜的供应地（包括任何规模的日用品店、菜市场、街道摊贩或者高频率的集市），并统计其500米服务半径范围内所能涵盖的片区内建筑比例，以此衡量该地区是否能渐变获取日常供应商品和服务的标准。六运小区北侧天河城及正佳广场内有超商，中部有体育西新街市，小区内部建筑首层有规模较小的多个新鲜食物供应地，100%的建筑在新鲜食物供应场所的步行范围内。

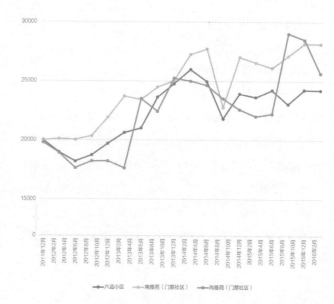

▲ 六运小区与周边社区的二手房均价变化对比表（2011年12月—2016年2月）

3）提供给中低收入者的住房

提供给中低收入者的住房，或以低于市场价值提供给较低收入者的住房，能缩短该片区较低收入群体的通勤距离。六运小区片区内并无相应的廉租房、经适房的配置，但与周边社区二手房价对比处于中等偏低。上图为2011年12月—2016年3月的六运小区、天河南地区与广州市的二手房均价变化情况：六运小区的房价高于广州市均价，并稍微高于天河南地区的均价。

▲ 片区中部的体育西新街市

▲ 体育西新街市内的新鲜水果档

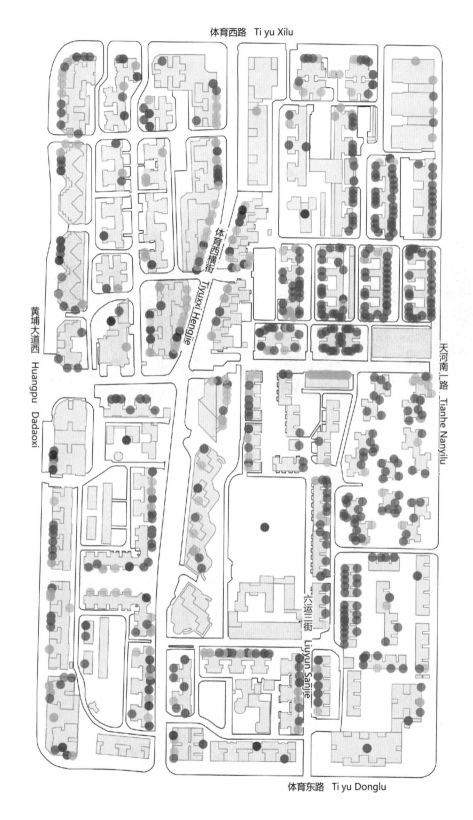

体育西路 Ti yu Xilu

体育西横街

Tiyuxxi Hengjie

黄埔大道西

Huangpu Dadaoxi

天河南₁路 Tianhe Nanyilu

六运三街

Liuyun Sanjie

体育东路 Ti yu Donglu

● 日用品
● 教育设施
● 餐　饮
● 公共服务
● 娱乐设施
● 医疗保健
● 商业设施
● 个人服务
● 社区服务
● 旅　馆

0　30　60　　120

单位：米

▲ 六运小区建筑首层的用途分布

（6）密集

土地利用密度

由公共交通引导的高密度发展片区可以营造热闹的街道，保证内部活跃、充满生气并且安全宜居。选取与六运小区土地利用功能相似且房产价值在城市平均值以上的南雅苑小区（南雅苑小区：28136 元 / 平方米、天河南片区：25447 元 / 平方米，2016 年 3 月）作为基准值地区，估算六运小区的总人口、就业岗位和访客数量后得出，此三项均大于基准值。

▲ 南雅苑小区内部人行道均被停车占据，有部分首层商业　　▲ 南雅苑小区现状，部分限时开放的小区出入口

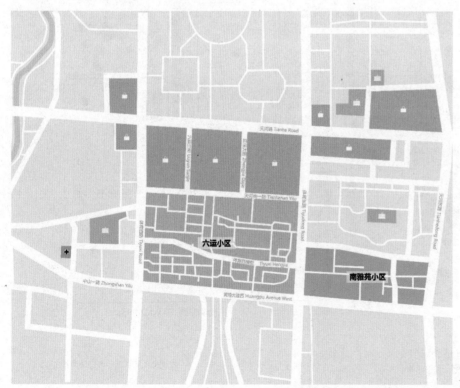

◀ 南雅苑小区与六运小区的区位分布图

（7）紧凑

1）城市基地

组织城市发展密度最基本的原则是集约发展，此举能最大程度地减少出行时间和能耗。六运小区内建成区域与占可开发土地的比例达 100%。

2）公共交通选择

六运小区片区周边主要公共交通站点的周边 1 千米服务半径范围内涵盖 4 条高容量公共交通线路 (BRT、地铁 1 号线、3 号线、APM 线)、34 条常规公交线路，但缺乏高密度的公共自行车项目。

六运小区航拍图（2015.10）▶

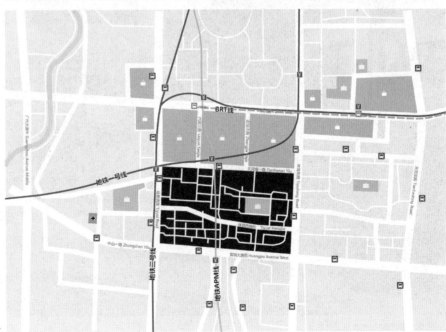

区域范围多条公共交通分布示意图 ▶

（8）转变

1）路外停车

完善的公共交通出行方式选择，能培养出良好的公共交通出行习惯，从而大幅度减少日常生活中小汽车的需求量。更少的路外停车空间能释放城市空间资源，转换成社会和经济效益等更高的用途。六运小区目前有多个地面及地下停车场，出入口主要分布在中部及南侧外围，共 836 个停车位，总建筑面积约为 21000 平方米，占六运小区总面积 9.01%。值得一提的是，体育西横街上的部分地下停车场结合共享停车平台进行资源高效分配。良好的停车管理，能从侧面抑制总体停车需要的再增长，并有机会削减目前占地较大的露天地面停车场，从而维持六运小区良好的无车社区环境。

▲ 六运小区内共享停车平台使用示意

▲ 利用共享停车平台的地下停车场

2）机动车出入口密度

以步行道上机动车出入口密度来衡量行人路径被机动车出入口打断的频率，并鼓励最大程度地减少行人网络所受到的干扰。六运小区内部机动车出入口主要分布于中部的体育西横街上，平均每100米街区界面的机动车出入口数量为0.14个，且机动车出入口处的步行道并无作出相应提升。

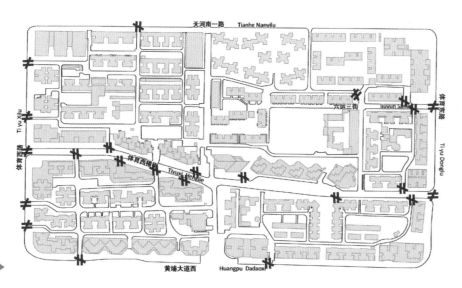

片区中机动车出入口分布图 ▶

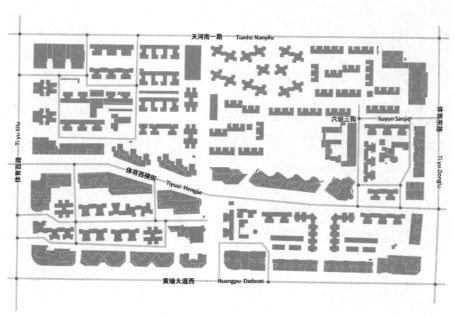

机动车网络示意图 ▶

3）交通空间

　　六运小区内部大多数街道均为无车社区街道，活跃的街道空间为行人及自行车优先提供了良好的环境。除此之外，六运小区内用于机动车通行及路内停车的道路总面积约为 34776 平方米，占小区总面积的 15%。

广州天河区体育西横街

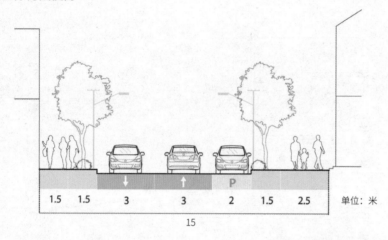

| 1.5 | 1.5 | 3 | 3 | 2 | 1.5 | 2.5 |

15

单位：米

46%NMT

◀ 体育西横街的道路断面示意图

◀ 体育西横街现状照片

评价项目		最高分	具体细项	得分
步行				
①步行网络的完整性	安全的、无障碍通行的步行道所占街区边界的百分比	3	100%	3
②行人过街	在各个方向都有安全的、无障碍通行的人行横道的交叉口的百分比	3	100%	3
③视觉活跃的界面	紧邻公共步道和建筑内部活动可以产生视觉联系的街区边界所占的百分比	6	89.76%	5
④活动渗透的界面	平均每 100 米长的街区界面所含商店或建筑人行出入口的数量	2	9.34	2
⑤遮阳和挡雨	有足够的遮阳和挡雨设施的步行道片段的百分比	1	97.85%	1
步行方面得分小计		15	—	14
自行车				
①自行车网络	自行车道最高限速	2	15 千米 / 小时	2
②公共交通站点的自行车停放	在高容量的公共交通站点提供多泊位的安全的自行车停放设施	1	0	0
③建筑中的自行车停放设施	提供了充足的安全的自行车停放设施的建筑所占百分比	1	70%	0
④自行车进入建筑	法规规定自行车可以进入建筑内	1	1	1
自行车方面得分小计		5	—	3
连接性				
①小型街区	90% 的街区长边的长度	10	140.37 米	2
②优先的连通性	优先连通性的比值	5	5.95∶1	5
	机动车交叉口		7.25	
	行人和自行车的交叉口		42.75	
连接性方面得分小计		15	—	7
公共交通				
到达公共交通的步行距离	步行至高容量公共交通站点的距离在 1 千米内，或者步行至直达式服务线路的车站的距离在 500 米内	—	209 米	—
	是否符合 TOD 基本要求	符合	—	符合
混合利用				
①功能互补	站点区域的主导功能占总建筑面积比例	10	70%	5
②采购新鲜食物	在新鲜实物供应场所的步行范围内（500 米）的建筑比例	1	100%	1
③提供给中低收入者的住房	经济适用房的居住单元比例	4	0	0
混合利用方面得分小计		15	—	6
密集				
土地利用密度	总人口、就业和访客数量与基准值差值	15	1	15
密集方面得分小计		15	—	15
紧凑				
①城市基地	建成区域占可开发土地的比例	10	100%	10
②公共交通选择	片区周边 1 千米范围内公共交通线路选择	5	38	5
	高容量公共交通线路（轨道、快速公交等）数量		4	
	常规公交线路		34	
	符合要求的公共自行车站点		0	
紧凑方面得分小计		15	—	15
转变				
①路外停车	非必要路外停车空间建筑面积占片区总用地面积的比例	10	9.01%	10
②机动车出入口密度	平均每 100 米 街区界面的机动车出入口数量	2	14%	2
③交通空间	路内停车和机动车交通空间所占比例	8	15%	8
转变方面得分小计		20	—	20
总得分		**100**	**80%**	**80**

3. 香港黄埔花园

项目地点: 中国香港,朝向红磡湾,坐落在维多利亚港北岸、红磡东面、大环西面

项目面积: 16 万平方米

建成时间: 1991 年

土地性质利用: 综合发展地区

人口: 10519 户,约 3.2 万人(估算)

项目发启方: 和记黄埔地产集团

项目总投资: 约 40 亿港元

交通区位: 在广九铁路的终点站红磡站及红磡地铁站以东约 1 千米处。在红磡码头及其公交车总站、小巴总站北侧

发展历程

1863 年

香港黄埔船坞有限公司成立，是当年亚洲最大的旱坞、修船及造船公司之一，拥有黄埔花园所在的九龙船坞地块

1969 年

和记国际控制黄埔船坞。随着世界经济和物流发展的趋势，船坞逐渐衰退

1976 年

九龙船坞开始分期关闭

1978 年

九龙船坞的拥有者、香港黄埔船坞有限公司与和记企业合并，成立了和记黄埔，成为一个以地产为主业的公司

1984 年初

和记黄埔与港英政府签署交易条款

1985 年底

九龙船坞正式关闭。和记黄埔随后着手黄埔花园项目。同年开始销售首期购房优先权

1991 年

全部开发完成

　　黄埔花园是一个棕地开发项目，建在船坞旧址，临近城市中心。虽然黄埔花园的建筑高度因靠近当时的启德机场而受到限制，未能实现香港普遍的超高密度，但它的容积率为5，也是世界上高密度住宅的代表。规划之初，项目周边的配套并不完善，因此开发商将其开发为自给自足的社区，运用香港典型的裙房和塔楼结合的建筑形式，在横向和纵向实现功能混合，同时创造了裙房顶部（即二层平台）的公共开放空间，用天桥将它们连接成网络。地面层的开敞空间和二层平台的公共开敞空间（包括滨水区的红磡公园）都得到有效的利用。黄埔花园的步行系统高度复合紧凑，人们可以从建筑的裙楼、地下走廊和购物空间进入花园，或到达

娱乐设施。便捷通达的街道网络和种类丰富的沿街商铺，创造了社区中适合步行的环境，同时也服务了周边社区。自行车配套设施的缺乏，可以说是黄埔花园最大的不足。但是，凭借便捷、丰富的公共交通选择，结合复合紧凑的步行网络和较低的停车位供应量，区内的居民更愿意选择绿色的出行模式。

　　黄埔花园与内地典型的住宅开发项目规模相当，但它的街区划分远小于国内的案例。除此以外，它还开放了内部大部分的庭院和步道，为城市提供了密集的步行网络，并以独栋门禁和管理员的方式，确保居民的安全。黄埔花园的规划设计为内地最近热议的开放社区提供了非常有价值的经验。

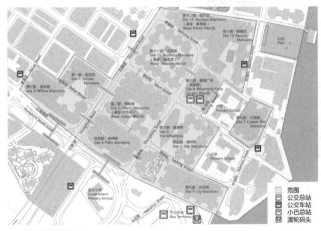

▲ 黄埔花园区位图

▲ 一个建于第一旱坞旧址的船型购物中心，代表着当地的历史

（1）步行

1）步行网络的完整性

黄埔花园的所有街区界面的人行道都设有无障碍通行设施，而且十分安全。除此以外，它的二层平台全部对外开放，设置有庭院、健身设施和球场等休憩娱乐空间，有部分庭院连通商场和餐厅。二层平台之间以天桥相连，形成多层次的步行网络。这里的零售业得益于舒适的步行环境，活跃而有序地开展着。每天步行到学校、服务设施和商店都有助于居民建立社区的认同感，宜人的开放式环境也鼓励着居民使用公共空间。

◀ 黄埔花园的步行街

◀ 区内的步行体验非常丰富

2）行人过街

黄埔花园中，有少数交叉口没有在所有方向设置合格的行人过街斑马线，但是在这里过马路是很安全很方便的，主要原因是这里有密集的过街设施，包括交叉口平面过街、天桥和路中过街斑马线。除了东面的限速道路以外，其他过街设施之间的距离全部不超过 150 米。

交叉口设过街斑马线和无障碍设施，并在设有停车带的一侧收窄交叉口，拓宽人行道，从而缩短过街距离，提高行人安全性 ▶

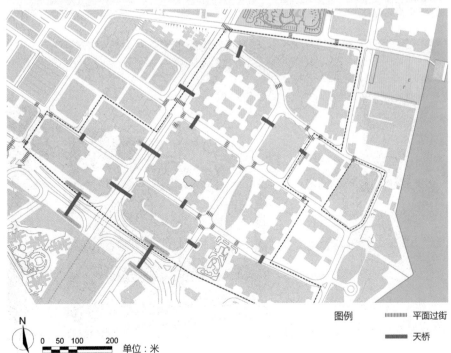

图例	IIIIIIIIIII	平面过街
	▬▬▬▬	天桥

N

0 50 100   200

单位：米

黄埔花园平面过街及天桥的分布 ▶

3）视觉活跃的界面

　　黄埔花园的一层裙房基本用于零售商业，沿街面大量使用玻璃材质，内外环境视觉交流活跃。二层网络也连接了每一栋住宅楼、庭院和商店。

◀ 黄埔花园的首层基本都是商铺

◀ 部分庭院也和商铺相连

4）活动渗透的界面

　　除了公交总站地块，黄埔花园所有地块首层都用于商业，几乎所有的步行道旁都设有沿街商铺，人们可以便捷地进出商店、购物中心和餐厅。对于地面步行道而言，每 100 米的界面就有约 4 个出入口。

黄埔花园的庭院和商铺 ▶

穿过商铺也可到达庭院 ▶

5）遮阳和挡雨

部分地面的人行道种植了行道树，部分有沿街商铺的较宽的屋檐，提供了充足的遮阳。而二层步行网络部分穿过架空层，部分是树木繁茂的庭院，环境宜人。大部分天桥都设有顶棚，人们也可以选择穿过购物中心，到达另一条街道。有气候调节的室内环境弥补了室外环境的不足，又与室外环境整合成完整的步行系统。

◀ 二层步行连廊建有顶棚

◀ 庭院内绿树成荫

（2）自行车

1）自行车网络

从我们的问卷调查可以了解到，全部被访者进出黄埔花园或在花园内部通行时都不使用自行车。居民委员会解释说因为黄埔花园没有自行车道，如果在机动车道骑自行车比较危险。同时，也因为公共交通系统足够完善和价格合宜，所以居民不需要使用自行车。

2）公共交通站点的自行车停放

《香港规划标准与准则》第八章 6.5.1 节提到，"如果所辟设的单车径预算供居民短途往返区内各处之用，则单车径所在的地区便应提供单车停放设施，以避免出现非法泊车的情况，以致对其他道路使用者造成阻塞"；6.5.3 节则规定，"设有单车径的火车站应该辟设单车专用停放处"。因为项目中没有设置"单车径"，所以在公共交通站点也没有设置自行车停放处。

3）建筑中的自行车停放设施

《香港规划标准与准则》第八章 6.5.2 节指出，"在住宅发展方面，只要是易于到达合规格的单车径，从而能直达火车站，就应该辟设单车停放位"。而政策对供应数目只提出了参考值，并且配建比例只针对 70 平方米以下的住宅。因此可以推测，政策并没有强制要求黄埔花园提供自行车停放设施。根据调查的访谈了解到，区内也确实没有合适的自行车停放点。

4）自行车进入建筑

相关规范中没有明确表示是否允许或阻止自行车进入建筑、庭院。

即使在步行街上，也看不见人们骑自行车或者停放自行车 ▶

（3）连接性

1）小型街区

黄埔花园由市政道路划分各个地块，没有形成超大的封闭小区，机动车道路所分隔的地块最长仅有 150 米。更值得一提的是，土地条款规定了黄埔花园内部的开敞空间（包括街道和二层平台）都必须对公众开放。因此，除了地面的机动车道路以外，公共通行的路径还包括二层平台的步行道，它们将地块划分成更小的街区。项目中的开敞空间在规定的时段对外开放，并由专门的公司管理。确保住户安全的方法是在每栋住宅塔楼下设置门禁和值班员，以替代封闭的小区管理。

◀ 对公众开放的内部庭院

◀ 每栋住宅塔楼都配有门禁和管理员

2) 优先的连通性

整个项目的二层开放步行平台以天桥相连，与地面步行道、步行街和过街斑马线形成一张巨大的立体步行网络，增加了大量的无车交叉节点。项目步行与自行车的优先连通性比值为2：1。

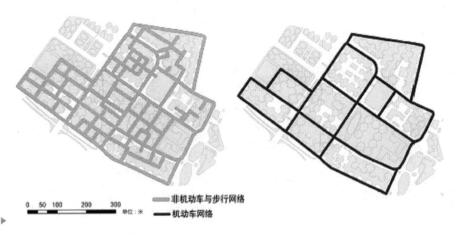

| 0 | 50 | 100 | 200 | 300 |
单位：米

■■■ 非机动车与步行网络
━━━ 机动车网络

步行网络与机动车网络的对比 ▶

向公众开放的二层平台 ▶

（4）公共交通

到达公共交通的步行距离

黄埔花园内的建筑距离红磡地铁站的最短步行距离为 600 米，最大步行距离约 1.5 千米，步行需 6~15 分钟。项目中心设有一个公交车和小巴总站，步行到项目各个地方都不超过 5 分钟。项目南侧毗邻红磡渡轮码头、公交总站和小巴总站。另外，在建的地铁黄埔站正位于项目地下，将成为观塘线的新终点。

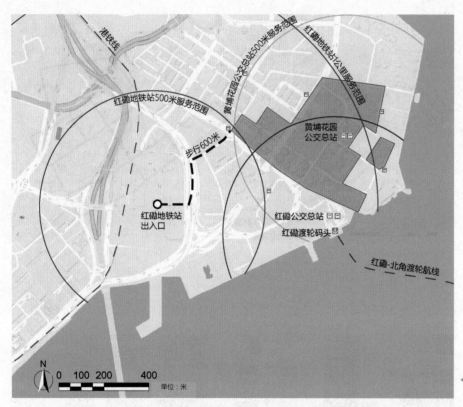

◀ 大运量公交（红磡地铁站）至黄埔花园的步行距离

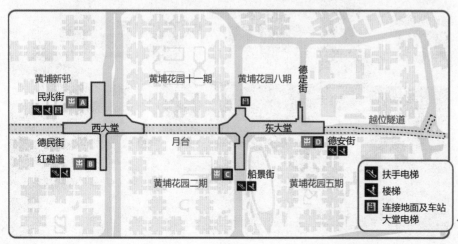

◀ 在建黄埔站示意图（来源：http://www.mtr-kwuntonglineextension.hk）

（5）混合利用

1）功能互补

黄埔花园最初就规划为自给自足的社区，包含了商业街、购物中心、公共交通终点站、学校、娱乐设施和公园等满足居民生活的需求，解决了项目因毗邻大型交通基础设施和海域所造成的与周边区域的连接障碍。大部分地块上的建筑都是功能复合的，地下最低层是停车，负一层和首层是商业，再上一层是公共花园，花园上方是住宅。项目的办公建筑面积约为 8 万平方米，零售业约为 14.5 万平方米，居住 71 万平方米，非居住功能建筑面积约为 24%，属于"内部功能互补"。但是，根据观察，周边多是以住宅为主的建筑和项目，因此不能评为"环境互补"类型。

2）采购新鲜食物

黄埔花园内有知名的连锁超市百佳超市，还有其他商铺都提供新鲜蔬果肉菜。

3）提供给中低收入者的住房

黄埔花园是私人房产开发，当中并没有香港为低收入者提供的公屋计划。项目最近的交易价格与全香港的平均物业价格相近，而 2016 年 6 月的租金约为 14500 至 32000 港元。根据香港统计处的数据，2016 年第一季度的抽样调查显示，约有 30% 的住户每月收入低于 15000 港元，而每月收入低于 30000 港元的有约 56%。所以，虽然黄埔花园的售价在区内（红磡／土瓜湾）并不高，但它也不能解决低收入者的住房问题。

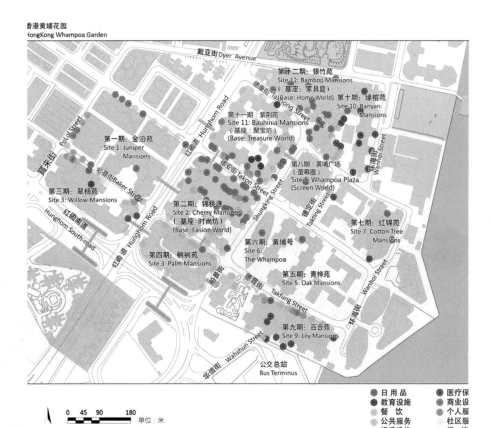

黄埔花园社区配套设施示意图 ▶

（6）密集

土地利用密度

项目包含 88 栋 16 层的住宅塔楼，高度稍低于 55 米。项目的总建筑面积约为 94 万平方米，容积率大约为 5.0，在中国内地甚至世界范围内都被认为是高密度的开发，但是这在中国香港只是普通水平。根据《香港规划标准与准则》的规定，九龙的居住用地最高容积率可达 7.5。然而，项目无法实现更高密度的一个主要原因是它处在旧机场——启德机场的航线范围，在开发的时候高度受到控制。黄埔花园在开发的时候已经达到它的高度限制，容积率也几乎不能再提升了，因此此项评分可得满分。黄埔花园说明了在如此高密度的情况下，社区高质量的生活空间和多种功能的协调也是可以实现的，成功的关键在于很好地解决日常服务、公共开敞空间和内部通行等问题。

（7）紧凑

1）城市基地

黄埔花园是一个棕地重建项目，邻近高密度的开发项目和交通站点。它距离九龙的中心尖沙咀仅 2 千米。

2）公共交通选择

黄埔花园的居民可以选择地铁（15 分钟可达的红磡站及地下在建的黄埔站）或者线路丰富、上下点灵活的小巴，当然还有渡轮。

▲ 黄埔花园的高密度住宅塔楼

人们可以在红磡码头搭乘渡轮，穿过维多利亚港到达香港岛中中环东侧的北角码头。渡轮不仅提供了便捷的到达市中心的方式，还提供了与陆路形式不同的水上交通，受到很多居民的喜爱。

▲ 从北往南看的建筑体量

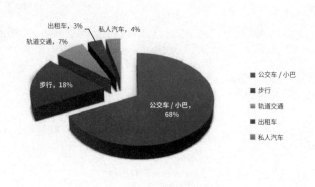

出租车, 3%　私人汽车, 4%
轨道交通, 7%
步行, 18%
公交车 / 小巴, 68%

- 公交车 / 小巴
- 步行
- 轨道交通
- 出租车
- 私人汽车

▲ 居民各出行方式占比示意图

（8）转变

1）路外停车

如果按 40 平方米 / 个车位建筑面积（含车位及通道）计算，停车场建筑面积接近可开发用地面积的 50%，因此该项只能得零分。而且通过比较黄埔花园和周边项目的停车位供应量（如下表），可以发现黄埔花园平均每 5 个住宅单元有 1 个停车位，比周边其他社区平均水平的三分之一还低。公共停车位数量也非常有限。

黄埔花园及周边项目的停车位供应数量和比例

地块	所在地区	户数（户）	停车位（个）	平均停车位比
黄埔花园				
1 期		600	600	0.20
2 期		2160	2160	0.23
3 期		960	960	0.24
4 期		720	720	0.27
5 期		1080	1080	0.29
6 期（商业）		0	0	0
7 期	红磡	555	555	0.21
8 期（商业）		0	0	0
9 期		1216	1216	0.06
10 期		600	600	0.28
11 期		1552	1552	0.10
12 期		1076	1076	0.18
黄埔花园平均停车位供应量				**0.17**
周边对比项目				
香水湾	红磡	300	200	0.67
海多轩	红磡	324	324	1.00
芜湖居	红磡	3315	1300	0.39
君临天下（Harbour side）	九龙站	1122	864	0.77
尚御（Meridian Hill）	九龙站	103	103	1.00
漾日居	九龙站	1288	1332	1.03
富荣花园（Charming Garden）	旺角	3908	681	0.17
碧海蓝天	九龙区长沙湾	1616	516	0.32
宇晴轩	九龙区长沙湾	2256	669	0.30
昇悦居	九龙荔枝角道	2434	595	0.24
毕架山峰	九龙塘	197	185	0.94
港景峰	尖沙咀	998	341	0.34
周边对比项目平均停车位供应量				**0.60**

2）机动车出入口密度

区内共有 11 个机动车出入口，平均每 100 米（地面层）街区界面的机动车出入口为 0.3 个，而且全部作抬升或人行道铺装等行人优先及无障碍通行的处理。

3）交通空间

除了项目西南侧的红磡南道和西侧的红磡道两条地方性干道以外，区内大部分道路都为 2 车道或 4 车道宽，部分配有路内停车位或临时停靠点。区内道路的私人机动车交通流量较少，以公交车、小巴和出租车为主。而且，区内用于机动车交通和路内停车的道路总面积，略小于整个区域面积的 12%。

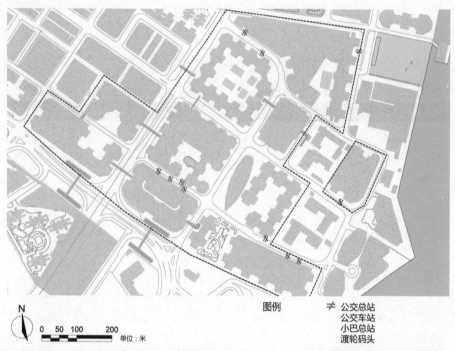

N

0　50　100　　　200

单位：米

图例　　　╫ 公交总站
　　　　　　　公交车站
　　　　　　　小巴总站
　　　　　　　渡轮码头

◀ 公交设施站点示意图

◀ 区内道路多用于公交车和出租车，私人汽车流量较低

评价项目		最高分	具体细项	得分
步行				
①步行网络的完整性	安全的、无障碍通行的步行道所占街区边界的百分比	3	100%	3
②行人过街	在各个方向都有安全的、无障碍通行的人行横道的交叉口的百分比	3	84%	0
③视觉活跃的界面	紧邻公共步道和建筑内部活动可以产生视觉联系的街区边界所占的百分比	6	91%	6
④活动渗透的界面	平均每100米长的街区界面所含商店或建筑人行出入口的数量	2	4	1
⑤遮阳和挡雨	有足够的遮阳和挡雨设施的步行道片段的百分比	1	82%	1
步行方面得分小计		15	—	11
自行车				
①自行车网络	安全的骑行路段占街道总长的百分比	2	0	0
②公共交通站点的自行车停放	在高容量的公共交通站点提供多泊位的安全的自行车停放设施	1	0	0
③建筑中的自行车停放设施	提供了充足的安全的自行车停放设施的建筑所占百分比	1	0	0
④自行车进入建筑	法规规定自行车可以进入建筑内	1	0	0
自行车方面得分		5	—	0
连接性				
①小型街区	90%的街区长边的长度	10	150米	0
②优先的连通性	优先连通性的比值	5	2:1	5
	机动车交叉口		15	
	行人和自行车的交叉口		30	
连接性方面得分小计		15	—	5
公共交通				
到达公共交通的步行距离	步行至高容量公共交通站点的距离在1.5千米内,或者步行至直达式服务线路的车站的距离在600米内	—	—	—
	是否符合TOD基本要求	符合	—	符合
混合利用				
①功能互补	站点区域的主导功能占总建筑面积比例	10	24%	6
②采购新鲜食物	在新鲜实物供应场所的步行范围内(500米)的建筑比例	1	100%	1
③提供给中低收入者的住房	经济适用房的居住单元比例	4	0	0
混合利用方面得分小计		15	—	7
密集				
土地利用密度	总人口、就业和访客数量与基准值差值	15	最大化	15
密集方面得分小计		15	—	15
紧凑				
①城市基地	项目距高密度开发项目和交通站点的距离	10	2千米	10
②公共交通选择	片区周边1千米范围内公共交通线路选择	5	—	5
	高容量公共交通线路(轨道、快速公交等)数量		1	
	常规公交线路数量		大于16	
	符合要求的公共自行车站点数量		0	
小计紧凑方面得分		15	—	15
转变				
①路外停车	非必要路外停车空间建筑面积占片区总用地面积的比例	10	50%	0
②机动车出入口密度	平均每100米街区界面的机动车出入口数量	2	0.3	2
③交通空间	路内停车和机动车交通空间所占比例	8	12%	8
转变方面得分小计		20	—	10
总得分		100	63%	63

4. 伦敦圣吉尔斯中心多功能住宅小区

项目地点： 英国，伦敦，卡姆登中心区

项目面积： 8000 平方米

土地性质利用： 商业、办公、居住（含可支付住房）

土地所有方： 英国法通保险公司

项目开发商： Stanhope PLC

项目总投资： 450 万英镑

交通区位： 位处伦敦的中心区位、毗邻两条地铁线路及规划新增的快铁线路（Cross rail）的地铁站总站北侧

发展历程

1958 年

英国法通保险公司（Legal and General，以下简称"L&G"）从英国政府手中购入（二战后通过"强制收购"获取）圣吉尔斯中心（Central Saint Giles，以下简称"CSG"）所在片区的土地

2002 年

L&G 开启该片区的重建计划，同时利用社区群体的力量成立了一个名叫"St.Giles 复兴小组"的组织，使公众在重建计划的前期就能参与其中

2004 年

2月：L&G 公布设计方案；
7月：卡姆登区议会正式通过该片区的规划纲要

2005 年

1月：由 L&G、开发商 Stanhope PLC 以及伦佐·皮亚诺（Renzo Piano）建筑工作室组成项目组，随后递交了规划申请书给卡姆登区议会；
4月：国防部，也就是从 1958 年开始一直在租用的一方租户，在 2005 年 4 月搬离这座建筑，而这座建筑随后被拆除了

2007 年初

项目动工

2010 年底

项目于 5 月完工

2011 年

底商全数租满

▲ 拆除及重建现场示意图

（1）项目背景

CSG 位处伦敦卡姆登区中心地带，占地 8000 平方米。由于缺乏商务办公以及居住，该商业地区一度是伦敦臭名远扬的贫民窟。紧邻 CSG 的有连通多条轨道线路的法院路地铁站，包括有伦敦地铁中央线和北线，以及规划于 2018 年开通的大伦敦东西向快速铁路（Cross rail）线。

L&G 于 1958 年从英国政府手中购入（二战后通过"强制收购"获取）CSG 所在片区的土地，并于 2002 年他们开启该片区的重建计划，同时利用社区群体的力量成立了一个名叫"St. Giles 复兴小组"的组织，使公众在重建计划的前期就能参与其中。

L&G 聘请了意大利建筑师皮亚诺作为重建计划的设计师，

这也是他在英国的首个建筑项目。2004 年 7 月，该片区的重建计划案得到卡姆登区议会的许可批复，L&G 紧接着公布了 CSG 的总体方案。2005 年，由 L&G、开发商 Stanhope PLC 以及皮亚诺建筑工作室组成项目组，随后递交了规划申请书给卡姆登区议会。

在以《20 世纪 90 年代城镇与国家规划行动》内第 106 章的协定为依据来做出相应修改之后，卡姆登区议会授予项目组该重建计划于接下来 2006 年的规划许可。

同期，英国国防部，也就是从 1958 年开始一直在租用该建筑的租户，在 2005 年搬离，而这幢建筑随后也被拆除了。该项目的资金来源于 L&G 在 2007 年引入了的合资方，成为合资企业后，双方共同斥资 450 万英镑。CSG 的建设于 2010 年 5 月完成。

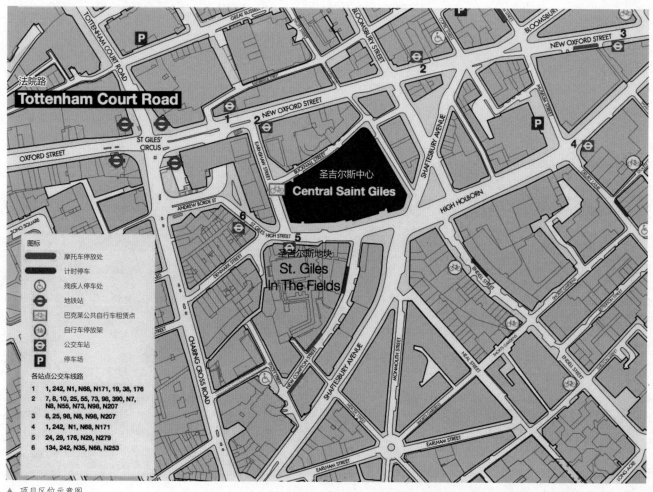

▲ 项目区位示意图

▲ 让人产生视觉错觉的设计

（2）项目概述

得益于毗邻两个地铁站，以及作为集商业零售、办公、居住和中心开放空间于一体的高密度混合利用项目，CGS 在来访者及居民的出行中都扮演着终点或起点的角色。CSG 项目由一座 11 层 U 形办公楼（含 37626 平方米的办公面积）以及一座 15 层的居住楼（其中 109 户中有 53 户是提供给中低收入者的住房）组成。

为了打破两幢建筑大面积灰土墙的外立面形象，皮亚诺利用多种鲜艳颜色的高窄矩形作外立面装饰，让人有种那是四幢较窄建筑的错觉，而不是仅有两幢。谷歌、NBC 环球公司（美国国家广播）和 WPP 集团是其中部分租用办公空间的高端租户。在沿街底商方面，CSG 设置了 2276 平方米的零售商业，包括高档连锁品牌的餐厅及商店。中心公共广场空间里设有公共家具、绿化以及通透的底层建筑立面，并以步道连接建筑四周的街景，居民步行可达临近的周边区域及地铁站。

除了地铁之外，居民及访客还可以通过 20 条以上的公交线路到达这里。此外，办公楼内外部设有分别供员工及公众使用的

自行车停放点，而且在 CSG 旁边的 Earnshaw 街上就有伦敦的公共自行车系统——巴克莱（Barclays）公共自行车租赁。

根据该项目的高密度、混合开发、步行化网络、邻近大运量公交站点与自行车设施、设置经济适用房、位处已开发的城市区域以及停车需求最小化等的特点，CSG 满足城市发展八大原则，是一个 TOD 得分为 100 的最佳实践案例。

▲ 颜色鲜艳的外立面装饰

（3）规划愿景

卡姆登区议会的规划部门联合由当地社区团体组成的 St. Giles 复兴小组，在 2002 年共同设定了该地区的发展愿景。

创建如此一个发展项目管理小组，使开发商可以将他们对项目的想法传达给当地的居民、经商者以及社区团体，这同时是卡姆登区规划申请过程的一部分内容。

CSG 的愿景是打造成为有足够居住单元的混合利用地块，包括一定比例的提供给中低收入者的住房、办公，以及活跃的底商，加上步行通达至法院路地铁站，能吸引人流促进发展（出自卡姆登区议会的 CSG 区域规划概述）。TOD 原则里面的"转变"在这份概述里面也得到充分体现：它规定停车仅为基本服务的汽车及有残障需求的市民提供，此举大大增加了该区域的非机动车交通可达性。此外，概述规定 50% 的新建经济适用房的项目目标作为卡姆登单一开发规划的要求，混合开发的项目可以容纳该区域 15% 或以上的市民在此居住，此项也是 TOD 原则里面的混合原则。概述同样描述到优先考虑公共空间，同时提升步行道与周边环境的通透性，符合 TOD 原则的步行及连接。

▲ 该区域不仅有居民，还有许多上班族，体现了项目的混合用途

另一方面，私人利益相关方优先关注在 CSG 内提供 A 级办公空间，以及高质量的标志性设计及品牌化去吸引高端租户。

▲ 道路两旁的办公和底商为该街区增添了活力

（4）规划及建设过程

从一开始，CSG 地块就有很强的发展潜力：位处伦敦的中心区位、毗邻两条地铁线路及规划新增的快铁线路（Cross rail）的地铁站。这些已经实现的有利条件意味着项目的落地并不是必须要有政府的鼓励措施才能启动。1947 年的《城镇与国家规划行动》确立英国当地规划当局被赋予权利，可以通过空间规划和战略去控制土地利用以及给予他们权利去批准及否决城市发展提案，所有项目开发必须在项目动工前从当地规划当局得到规划许可。对于这个项目，L&G 必须提交一份规划给卡姆登区议会的规划部门。

通过来自社区及市民的意见征集，L&G 制定了一份对于该地区的规划，同时聘请了建筑师皮业诺起草了总平面设计，以及土地利用及建筑体块。最终的方案，包括区位示意图、总平面区、方案构思、物业所有的证明，被社区及当局一致通过。官方附带有公共空间改善建议的规划许可于 2006 年下发给了开发商。

这些建议包括实施非机动化的改善，缓解机动车过多对社区造成的影响，通过沿圣吉尔斯高街的绿化种植以及对该片区周边的改造，进而优化部分步行化空间。

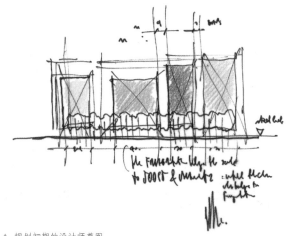

▲ 规划初期的设计师草图

之前已有的规划和相关政策同样帮助 CSG 成为一个高密度、混合开发、可步行的建设项目，同时提供面向中低收入者的住房以及场所营造的焦点。肯·利文斯通（Ken Livingstone）市长在他 2004 年伦敦规划的空间战略里把该片区定义成一个集约化区域，要求位处伦敦中央的可达区域建设项目最小容积率为 5。2000 年通过的《卡姆登区单项建设规划》为 CSG 建设地（SG Court）形成了法定的建设规划，并提供相关依据作为圣吉尔斯周边地区的参考。

如上文所述，卡姆登区议会的规划部门作为该项目的当地规划当局，于 2004 年出台了一个针对 CSG 建设地的区域规划概述，规定了一个 50% 的提供给中低收入者的住房目标和最小停车需求，以及一处位于中心的设计出色、独一无二、以人为本的公共空间。

该项目属于私人投资，100% 股份制，L&G 以及其合资企业各占 50%。提供给中低收入者的住房由 Circle 33 住房中心开发及主要运营管理，它从国家家庭及社区机构中得到了一笔 841 万美元的拨款，用于建筑内墙的翻修及住宅单元的建造。卡姆登区议会决心从事于购买提供给中低收入者的住房，包括廉租住房、中介租房，以及共同产权拥有，但混合利用里面的办公、商业同样使得这 50% 的提供给中低收入者的住房得以在这个项目里面实现。为了使这个项目在市场上能出售，伴随着象征鲜艳建筑外墙的标志，一个关于品牌及建筑的网站对 CSG 进行了监理。皮亚诺的建筑师背景，同样帮助 CSG 向潜在租户传达正面的信息。

▲ 鲜艳的外墙让整个项目极具特色

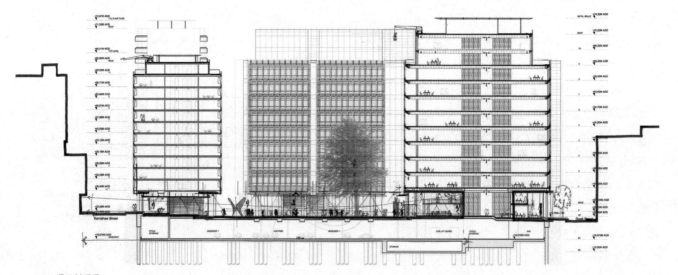

▲ 项目剖面图

▲ 总平面图

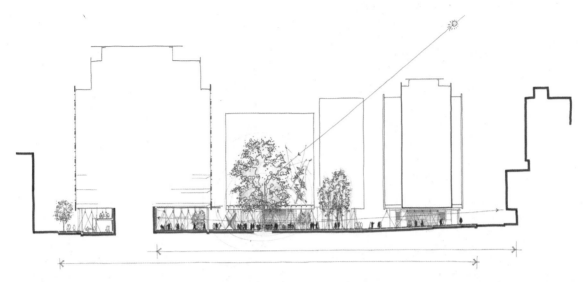

▲ 中部公共庭院手绘图

▲ 项目周边的道路，作了行人步行化优先的设计

▲ 项目周边的巴克莱公共自行车租赁点

（5）经验借鉴

在伦敦一片充满历史建筑的地块，封存了二战后英国国防部整个世纪的历史，CSG 这个项目由享负盛名的建筑师皮亚诺亲自操刀，通过混合利用的举措，提供高端办公、零售商业空间以及一半为提供给中低收入者的居住单元，为其注入了色彩、步行化设计以及复苏的机会。

在这个项目里面完美融合了 TOD 原则以及公共和私人部门，全赖于卡姆登区议会在《单项建设项目规划》和《CSG 建设地规划概述》里要求一个最低的土地利用及收入的混合，以及对公共步行空间的改善。

区议会指定的"社区参与"带来 St. Giles 复兴小组的创立，并于项目前期把社区团体带进规划愿景部分，以保证项目的建设合乎该地区居民心意。

在私营部门里面，CSG 的价格吸引了谷歌、NBC 环球公司以及一些大型的广告公司在此创建办公室。

开发商 L&G 在伦敦中央、比邻法院路地铁站以及即将接驳高铁的黄金地段里有如此一个难能可贵的机会开发地块，加之一个享负盛名的建筑师，以及整个项目高端的市场定位，是 CSG 成功的一个契机。皮亚诺以一个创新及独有的建筑设计，使得以人为本和人性化尺度纳入到建筑。

1）私人部门方面

· 经济效益上的成功

① CSG 的每平方米售价是伦敦市中心 CBD 中最高的。

②市场价上升了 37.5%（2010—2013）。

③高收益租赁：谷歌、博雅公关公司（Burston-Marstellar）、创意产业。

· 开发商

①在交通、可达性都极佳的伦敦中心区得到稀有的土地资源。

②成功的市场定位。

③因为住宅租户阶层有差别，在维护等级及费用上存在问题。

· 建筑师

①建筑师的选择：享负盛名的建筑师。

②以人为本和人性化尺度，外加创新及独有的建筑设计。

③整个项目高端的市场定位。

2）公共部门方面

· 卡姆登区议会

① 规划部门对开发项目的限制：

- 规定最小限度的用地及使用人群收入的混合。

- 规定公共步行空间的延伸以及改造。

② CSG 是一个公认的成功案例。

· 公众团体

①公众团体强烈地表达了他们的意愿。

②项目前期，把社区团体带进规划。

▲ 项目周边的无障碍行人过街

▲ 建筑内部的自行车停放点

《TOD 标准》评分	
步行	15
自行车	5
连接性	15
公共交通	符合
混合利用	15
密集	15
紧凑	15
转变	20
合计	100

94

60

190

120

60

0

第三章

开放式
公共空间设计

Blaricummermeent 公共空间

项目地点： 荷兰，布拉里克姆

项目面积： 120 万平方米

设计单位： Atelier LOOSvanVLIET 及 Bureau B+B

Blaricummermeent 是一项涵括 750 座房屋和一座 18.5 万平方米商务公园的计划。这项计划用布拉里克姆独有的方式将自己变得独一无二，即蜿蜒的道路和绿色的环境氛围。这项城市规划的其中一个重要部分是设计一条新的河流，名为 Meentstroom。Meentstroom 河连接了 Bijvanck 街区和霍伊湖内现有的水系，并流经了 Blaricummermeent 规划不同的两个部分。

Meentstroom 河和霍伊湖之间设有一个水闸，作为堤坝的开孔，水闸的顶部和内部都覆盖有木材。凭借木材的亲切性，Blaricummermeent 为乘船而至的人们带来了热烈的欢迎。

基础结构的层级可以通过笔直的街道得以体现，街道两旁还能看出改造前的圩田、弯曲的辅路和两旁种满树木的主干道的影子。街道的轮廓十分狭窄，充满了绿色的氛围。Blaricummermeent 的公共空间设有高品质的砖铺街道以及天然石材铺设的广场，每个街区都有若干广场，位于辅路交汇的地点。每座广场上都有一棵特定的大树，作为该区域的标志和特点，同时这些种有大树的广场将成为整个规划的地标。Cederplein 广场和 Plataanplein 广场位于第一街区，前者种有一棵雪松而后者种有一棵悬铃树，两种颜色的天然石材被铺设在广场上，铺排成树木的形状，树木本身被一个钢圈所围绕。广场上的就座装置用天然石材制成，顶部设有木制的座位。同样用天然石材制成的粗犷石梯从 Plataanplein 广场一直延伸到水边，为新来的居民沿着河边开辟了一片公共区域。

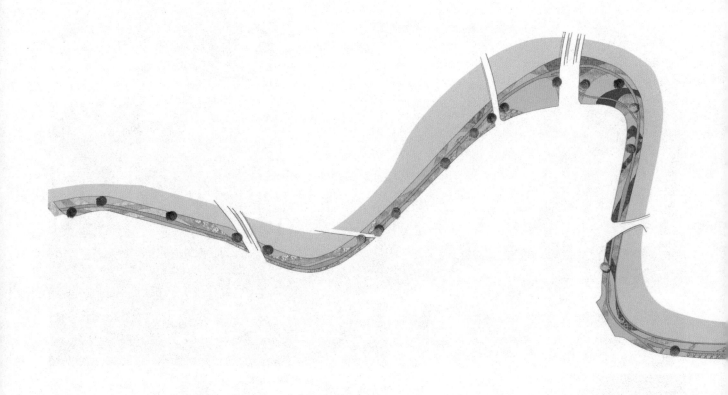

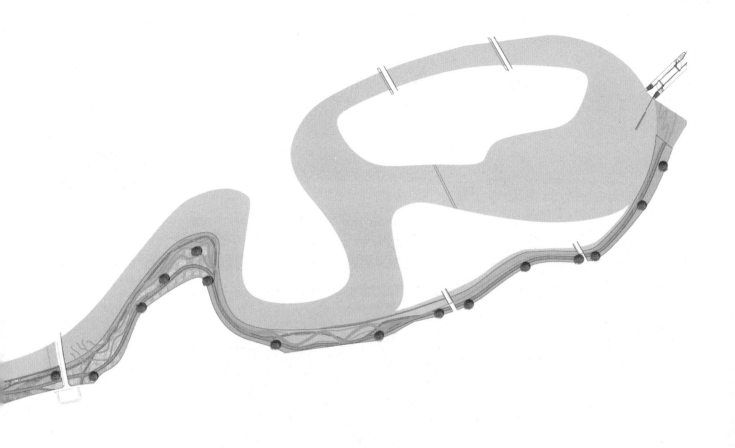

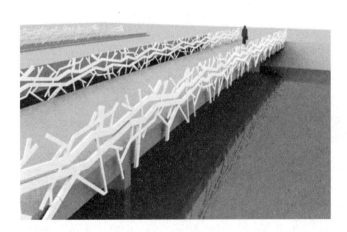

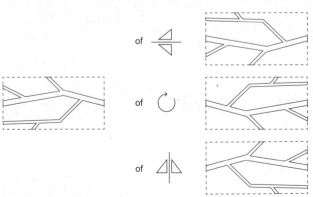

Blaricummermeent 的绿色空间集中于沿着河边的一座带状公园，河流的灵感来源于很久以前就存在于此地的 Eem 河的一条支流。2.5 千米长的公园连接着邻近 Bijvanck 街区现有的绿色空间和 Voorland Stichtsebrug 休闲区，公园内部种有多年生植物、草本植物以及一些美丽的独株公园树，植物的颜色从南端的多彩渐变成霍伊湖边天然的绿色。Meentstroom 河上横跨的桥梁可以看作是总体规划沿路树篱的一个延续。因此，直线桥和曲线桥或垂直或对角地排列在河面。设计师用一块简单的桥面板来突出道路的连续性，桥梁的围栏也因此变得引人注目。围栏的形状犹如人造树篱，与沿路排设的树篱相呼应。人们的注意力更多会放在围栏与周围环境的配合上，通过反射和旋转带来多变和开阔的感觉，作为有机元素引导着行人通过桥梁。

Pamperduto 总体规划

项目地点： 意大利，波滕扎皮切纳

项目面积： 50150 平方米

设计团队： EST Platform

摄影师： EST Platform

　　设计团队选择了亚得里亚海沿岸其中一个风景最美丽的地方，设计建造一个新的城市居住区。居住区坐落在非常靠近波滕扎皮切纳历史名城的 Pamperduto 地区，设计团队规划了 28 幢不同尺寸和类型的豪华别墅，都设有私家花园和游泳池，同时为整个地区的流动性设置了绿化系统。设计团队将会规划一系列的人行道和自行车道，连接在私人住宅和公园以及运动场之间。除此之外，设计师还将在该地区建造一座全景餐厅，还有一座豪华酒店以及一间完全独立的健康理疗中心。从本质上来说，整个项目将新建筑整合到自然环境中，以求对自然环境的影响降到最低。为了达到这一目标，设计师在某种程度上学习了当地的建筑风格和外观，优化活力表现的同时最小化消耗和污染。

设计师将注意力集中在自然环境上，同时思考着人们应该如何生活在这样一片美丽的土地上。因此，设计师倾向于打造低密度住宅区，将更多绿化面积留给公共空间和私人区域，同时在某种程度上建立公共（私人）小径，让每个人都能步行或骑自行车穿越整个区域。关于建筑布局策略方面，设计师根据类型学将建筑物的视觉冲击降到最低，同时保持了地区的自然美。从技术的角度看，设计师选择的材料和形状都尊重了当地的传统（石材、木材、规律形状的自然面），但却应用了精细的地层学技术来达到建筑外壳的完美状态，同时精心设计室内空间的品质，使其与周围景观相互融合。整个居住区被看作是完全融入周围的自然环境，所有的元素共同搭配，在建筑和自然中创造出完美的平衡。

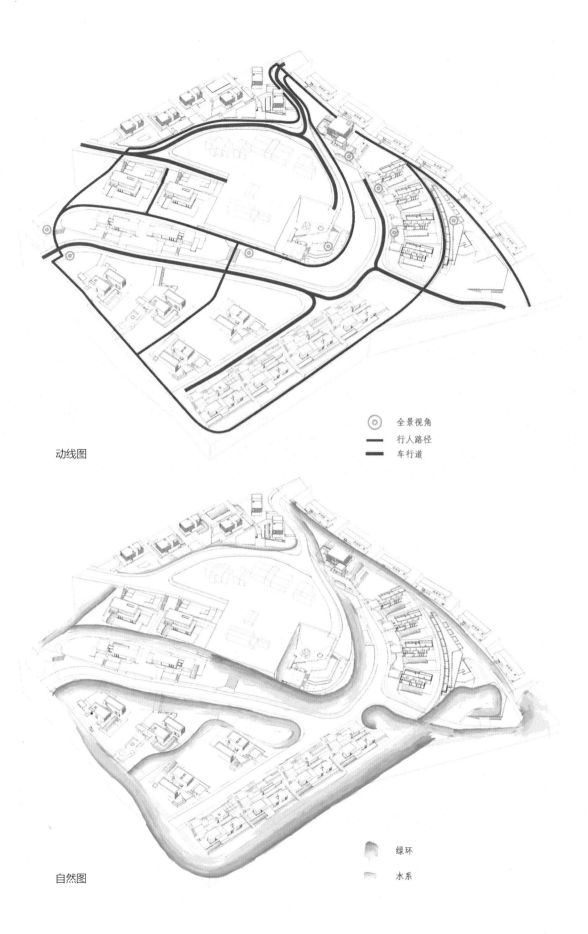

全景视角

行人路径

车行道

动线图

绿环

水系

自然图

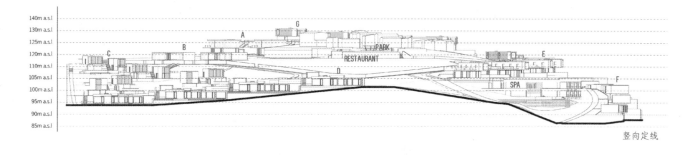

竖向定线

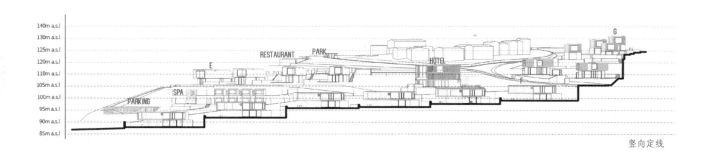

竖向定线

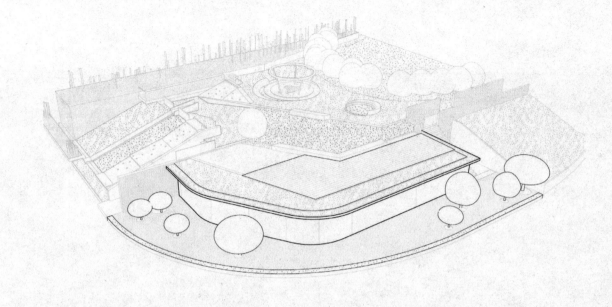

透视图

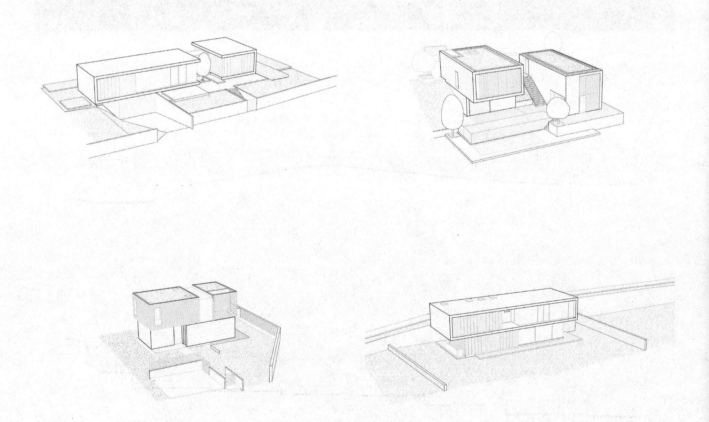

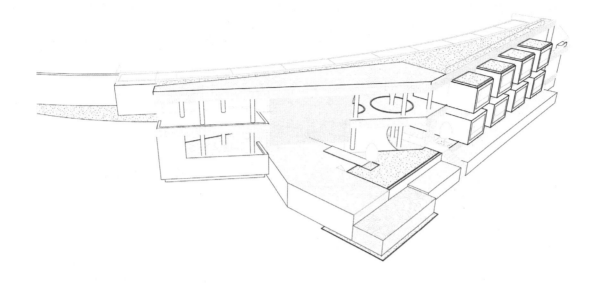

透视图

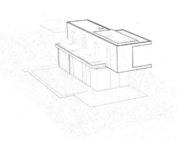

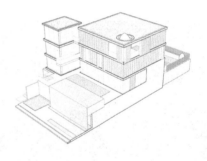

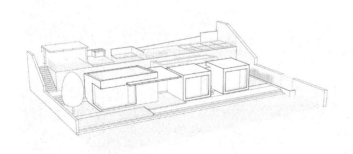

　　社区的住宅被分类成 7 种不同的类型，每一种类型无论在外部空间还是景观美化方面，都与其余 6 种完全不同。酒店是豪华建筑，设有两个私家游泳池和 20 间客房，每间客房都设有私人浴室和其他一些舒适配置。全景酒店则是优雅的建筑，完全与环境融为一体，屋顶花园兼具公园和私人停车场的功能，其独特的位置和特别的设计将是举办各种活动的保障。温泉浴场设有热水池、健康小径和按摩水疗室，这对需要进行精神和身体康复的人而言都是绝佳的场所。最后，整个社区都会处在私人安全服务的保护下，保障建筑的安全，同时私人和公共绿地也会处在视频监控的保护之中。

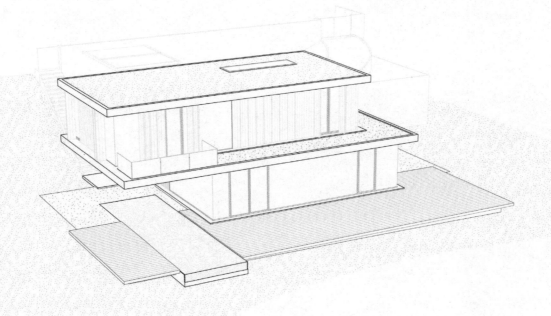

透视图

超级线性公园总体规划

项目地点： 丹麦，哥本哈根

项目面积： 30000 平方米

项目设计： Bjarke Ingels Group、Topotek1 及 Superflex

摄影师： Iwan Baan, Maria da Schio

超级线性公园是一块约 800 米长的楔形城市空间，位于丹麦国内其中一个民族最多样化、社会状况最复杂的街区内。设计师在设计这一空间时有一个首要的想法，就是将其构想成一个展现城市最佳实践的巨大展示区——收集了该区域里居住的 60 个不同民族的全球性自然艺术品。来自洛杉矶肌肉沙岸的运动装置、来自以色列的下水管道、来自中国的棕榈树以及来自俄罗斯和卡塔尔的霓虹灯等，全部被一字排开，每件物品面前都有一块不锈钢金属小版块镶嵌在地上，上面由丹麦语和原产国的语言对物品进行描述——这是什么，来自哪里。这种超现实主义的全球性城市多样化收藏品实际上反映了当地街区的实质，而不是延续丹麦单一种族的僵化形象。超级线性公园是 BIG, Topotek1 以及

Superflex 创造性合作的产物，它是建筑、景观建筑与艺术从早期概念到建设阶段少有的融合。

超级线性公园是一个承载着多样性的公园。它是一个世界级的展厅，里面布置有来自世界各地的家具和日常用品，包括长椅、路灯、垃圾桶和植物，这些是每个现代公园所应该包含的必需品，同时也是未来公园游客可以帮忙选择的必需品。超级线性公园根据园林史重新设计了主题。在这个公园中，随着时间而发生的理想事物的易位和其他地点的再现（例如异域景观的再现）就是一种常见的主题。就像中国用小型岩石来模仿山川、日本用波纹碎石模仿海洋以及希腊遗址以复制品的方式在英国花园中展出一样，该公园是一个世界公园的现代都市版。

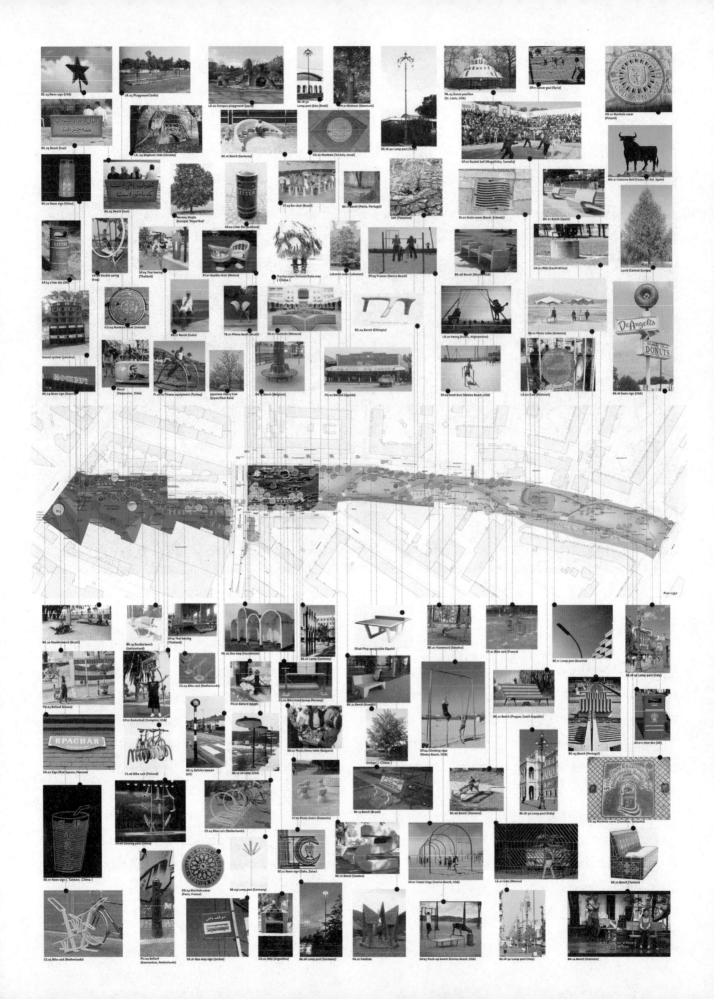

该设计理念的出发点是将超级线性公园分成三个区域和三种颜色：绿色、黑色和红色。不同的表面和颜色被混合在一起为日常物品形成崭新而富有动态感的环境。想要更加自然化的愿景通过在整个社区中显著增加植被植物，并根据不同树种、不同开花时间以及不同颜色形成小岛的方式实现，同时这些从一开始就要与周边的日常物品相匹配。

为了在社区中创建更好、更透明的基础设施，事务所将重新组织现有的自行车道路，创建与周围社区的新的连接方式，并重点强调与 Mimersgade 的联系，因为 Mimersgade 的市民希望拥有公交通道。这种转变关系到北桥区外围区域的整个交通，是更广范围内基础设施计划的一部分。建设公交通道的替代方案包括有设置信号，延长中间车道或减速带。

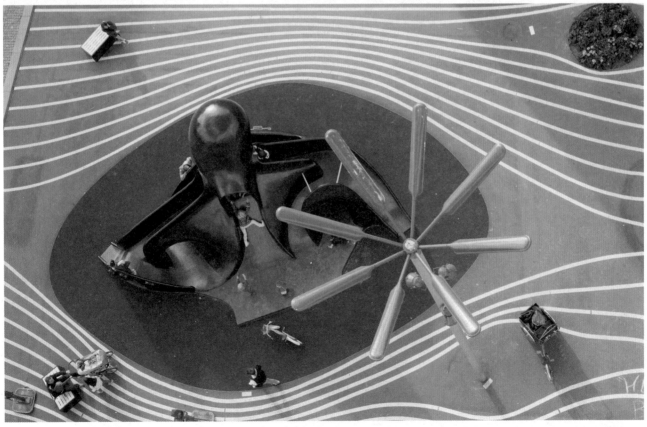

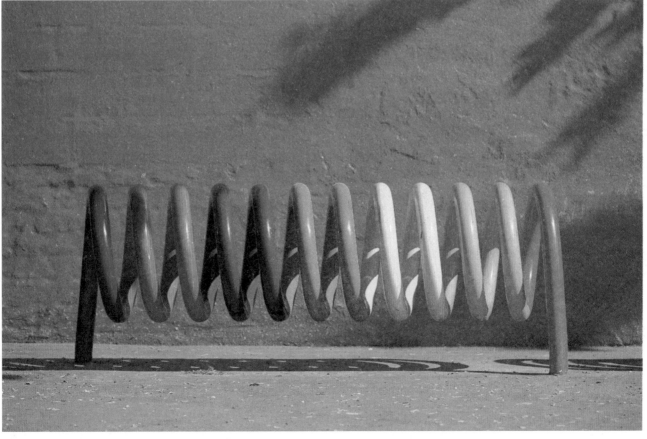

法明顿城市景观规划

项目地点：美国，阿肯色州

项目设计：阿肯色大学社区设计中心

法明顿城市景观规划提出了一项新的公共景观设计，重新规划了这片被 5 车道商业动脉所分割的可容纳 5000 居民的近郊住宅区。在 20 世纪初期，该社区曾经是一个充满活力的农业社区，位于美国最大的草莓和苹果产地的中心。城市景观规划不同于总体规划的累加模式，而是运用了一系列的节点组织来创造机动车辆导向结构下便于行走的城市环境。作为改进后的规划方案，城市景观规划在不依赖资本密集型建筑投资的基础上注重递增式的城市化。该项目的目标在于改变目前分散、普通的景观，制定新的增长点，从而打造出令人难忘的城市结构。

这个小型社区的平均家庭年收入为 4.3 万美元，在资源有限的前提下，设计师在进行景观规划时，通过侦查规划技术，创造出"组织缜密的环境"。从通常已经被纳入预算的城市基础设施的常规部件开始，如引导标识、观赏景观、照明设备、道路工程设备、街道家具、公共艺术以及商业建筑临街（即都市生活的旁注）等，城市景观规划将这些元素浓缩到一系列能够刺激地方感知的节点中。

法明顿城市景观规划结合了三点多重场所营造策略。第一，易受影响的公路设计；第二，公共艺术规划；第三，农业都市主义。城市景观领域中的场所营造为机动车提供了策略性的人行步道化——没有否定机动车在当代发展中基础角色的定向模式。

现存的 5 车道商业大动脉

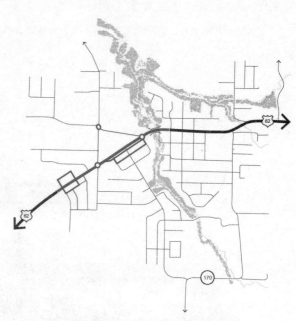

环境感知的高速公路解决方案

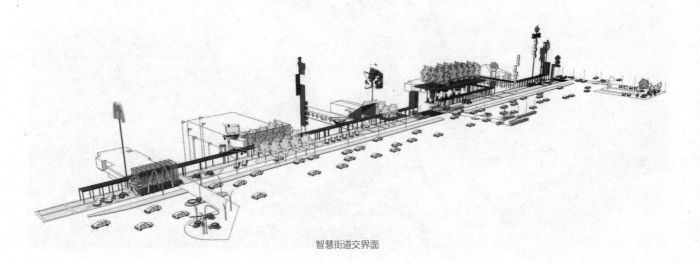

智慧街道交界面

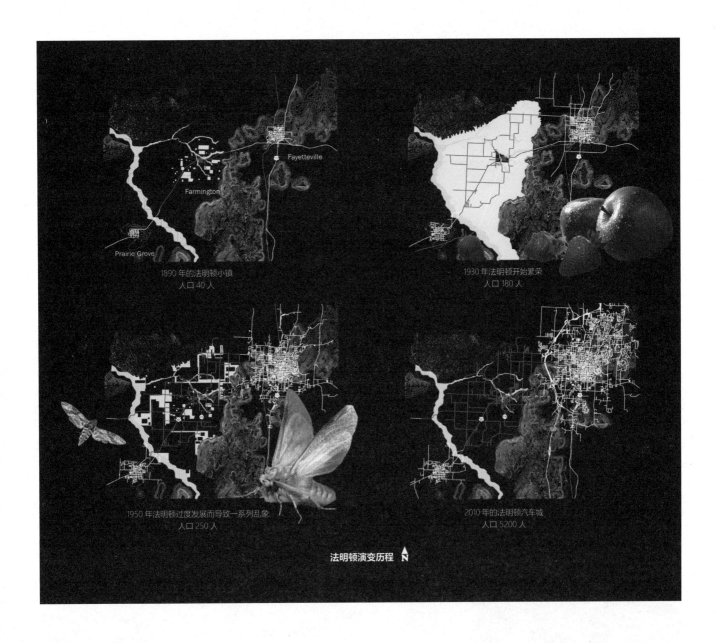

1890 年的法明顿小镇
人口 40 人

1930 年法明顿开始繁荣
人口 180 人

1950 年法明顿过度发展而导致一系列乱象
人口 250 人

2010 年的法明顿汽车城
人口 5200 人

法明顿演变历程

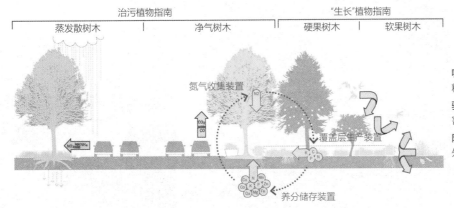

治污植物指南 "生长"植物指南

蒸发散树木 | 净气树木 硬果树木 | 软果树木

氮气收集装置

覆盖层生产装置

养分储存装置

吸引益虫的植物让昆虫传授花粉，并进行有害生物管理

驱虫的植物分泌化学物质来驱赶害虫

防御性植物保护着生长区，免受外来生物的侵害

智慧城市农业交界面

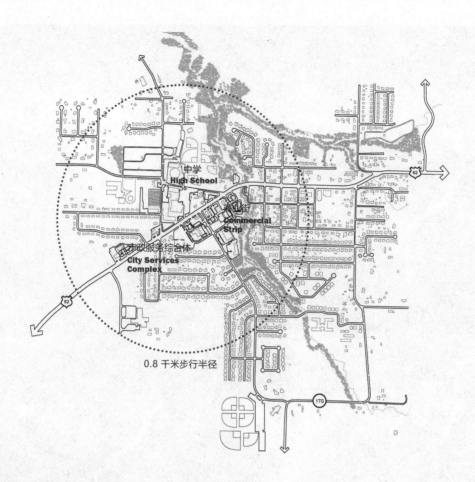

中学
High School

商业街
Commercial
Strip

市政服务综合体
City Services
Complex

0.8 千米步行半径

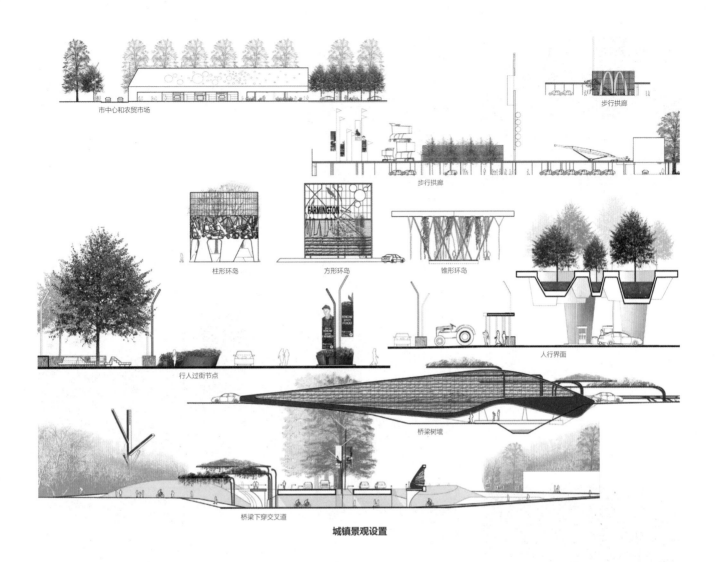

市中心和农贸市场

步行拱廊

步行拱廊

柱形环岛

方形环岛

锥形环岛

人行界面

行人过街节点

桥梁树墩

桥梁下穿交叉道

城镇景观设置

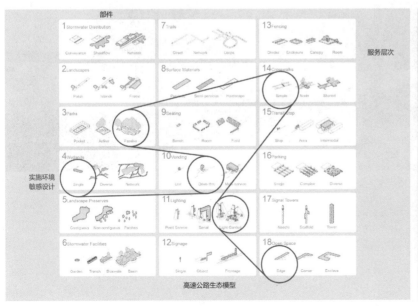

高速公路生态模型

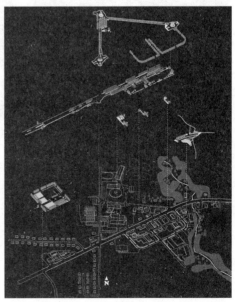

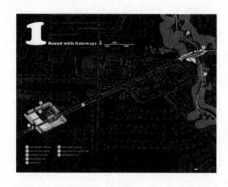

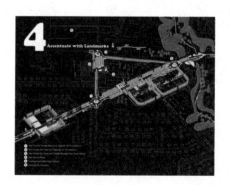

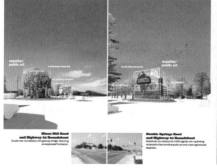

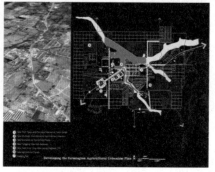

共同联合

项目地点：墨西哥城阿斯卡帕萨科 Unidad 生活区

建筑设计：Rozana Montiel | Estudio de Arquitectura

摄影师：Sandra Pereznieto

　　此项目是墨西哥城阿斯卡帕萨科 Unidad 生活区中一个公共空间的修复工程。这里的单元曾经被居民过去所建造的围墙、栅栏和篱笆墙割成一个个分区，导致社区没有一个可用的公共空间。项目旨在通过对整个社区而不是单纯地若干改造，将"分裂的公寓单元"改造成"街区共同单元"。项自的策略是对居民建造的篱笆墙进行改造：打通它们、使它们大众化，并赋予它们新的意义，以求在单元内创造联合。

　　在此之前，个同区域单元内的居民只能一直通过搭建临时性的遮盖物如遮阳伞，在公共区域进行聚会和派对，因此居民们都设法对自己家的私人区域进行扩展。通过对这些空间进行改造和修复，我们成功将某些空间进行遮盖，当做娱乐和社交空间，有顶的模块被用于不同的活动（黑板、攀岩墙、扶手和网），比起单纯用遮阳伞进行遮盖好很多。这些失而复得的公共空间成为每座公寓的延伸结构，这种策略被证明是有效的：人们聚集在一起，有助于重新设计他们的单元，同时有助于公共理念的改变，让街坊邻里自己要求将围墙拆除。自然而言，单元的居民们决定拆除障碍，享受这外部空间带给他们的公共生活。

7 种处理手段

1、4 个多功能屋顶模块
2、绿色区域的新铺装和维护
3、"el saloncito" 阅览室的重建
4、现有墙壁上的壁画
5、运动场
6、照明设备
7、新的长凳和垃圾箱

▲ 修复前未充分利用的空间

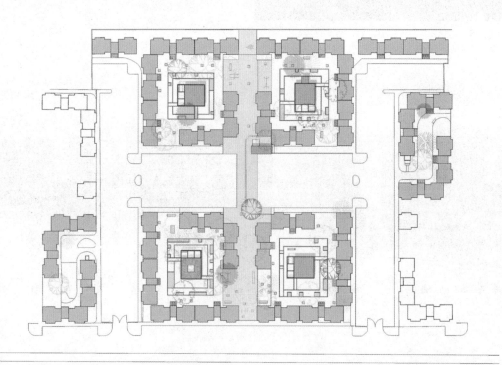

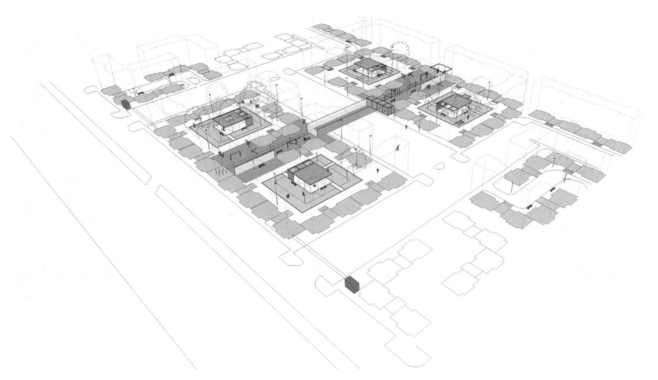

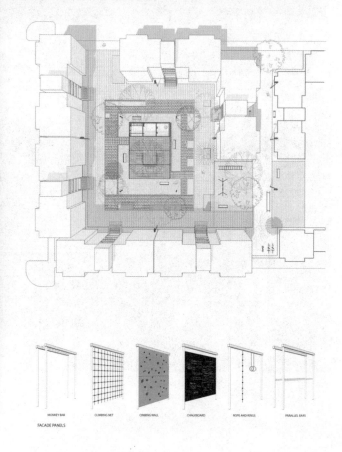

乌卢斯 Savoy 住宅区

项目地点： 土耳其，伊斯坦布尔乌卢斯

占地面积： 60000 平方米

景观设计： DS Architecture – Landscape

摄影师： Cemal Emden

乌卢斯 Savoy 住宅区是一个特殊的项目，其停车场天花板的断裂状结构，为此地带来一种独特的特性，形成了景观的基础或外表。在建筑结构内的住宅群，让景观本身有机会变成这一野兽派建筑不可分割的一部分。从这个意义上来说，建筑让景观变得更加有意义。

乌卢斯 Savoy 住宅区位于伊斯坦布尔的博斯普鲁斯地区附近，住宅区所面对的动态结构地形，让卓越的博斯普鲁斯景色尽收眼底。住宅区的占地面积约 60000 平方米，其中 35000 平方米被设计为开放空间。Savoy 是一个多住宅项目，26 片楼群被安置在一个车库结构之上，车库结构也作为新改造景观地形的基础结构。凭借尖锐而坚硬的部件，车库（即外壳）的无定形结构让景观得以具象化，一部分的外壳覆盖着植被，而另外部分的外壳则被铺设天然石材。另一方面，外壳也作为所有连接轴线和文娱活动的背景幕，也就是说，沉降结构所构造的地形，形成了公共空间的景观或花园元素。在整个项目中，平坦区域作为私家花园而凹陷区域则摆放了公共设施。局部抬高的道路作为人行漫步道，让居民得以环绕花园进行散步，同时也是体现场地破裂面风格的一个重要设计。

　　破裂面的陡峭片段被天然石材所覆盖，上面有特殊的纹理，作为圆形天窗的背景，为底下的车库带来激动人心的光照效果。在季节变化的作用下，整个社区的植物以其强烈的对比性色彩，创造出一幅幅充满活力的快照。

　　利用木材和石材作为原材料，使得建筑的总体结构蕴含异常丰富的可能性，项目可以被看作是自然本身的一种全新演绎。设计师用植被来象征博斯普鲁斯山坡地形的新版本，而破裂面上的

这些植被仅依靠特殊的构造基地细部进行维护。关于博斯普鲁斯植物群，新演绎的马基群落成为这一独有环境的一部分。

　　沉降结构的入口立面，包含了建筑群中有渗透性的直线。附加在金属房屋结构件上的金属罐，是专门为这个项目而设计和安装的。柔光照明从入口立面开始，一直遍布和贯穿了整个景观环境。

　　借助其独特的建筑学和空间特征，伊斯坦布尔这片新建的实验性住宅区在城市中占据了一个独特的位置。

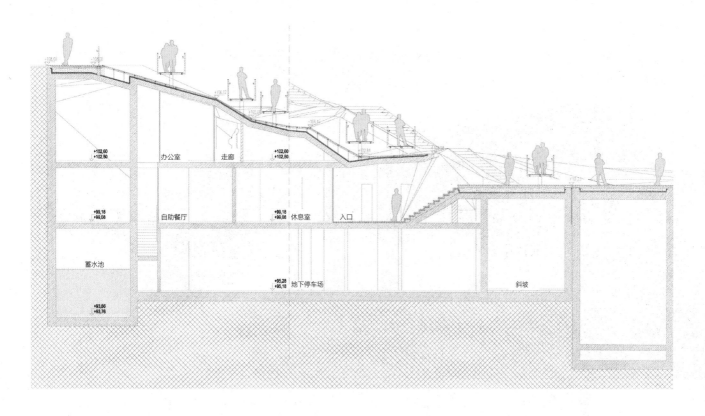

办公室　走廊　+102,60　+102,50

+102,60
+102,50

自助餐厅　+99,18　休息室　入口
+99,08

蓄水池

+95,28　地下停车场
+95,18

斜坡

+93,86
+93,76

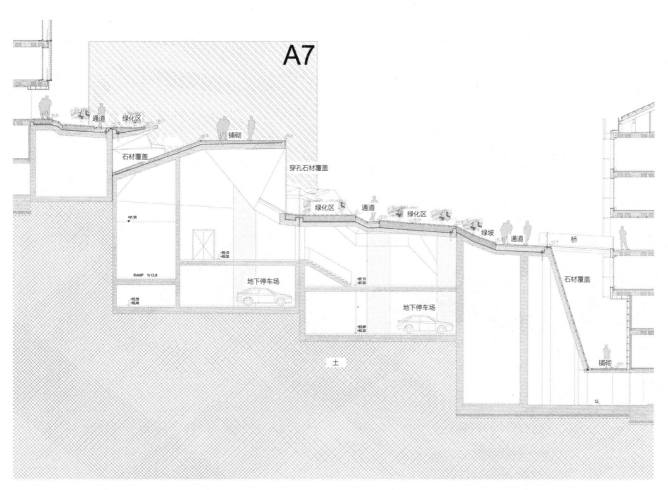

A7

通道　绿化区

石材覆盖

铺砌

穿孔石材覆盖

绿化区　通道　绿化区

绿坡　通道

桥

+91,98

石材覆盖

RAMP %13.8

+89,10
+89,00

地下停车场

+87,10
+87,00

地下停车场

铺砌

+85,58
+85,48

+83,46
+83,36

土

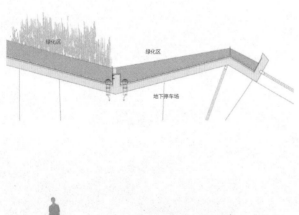

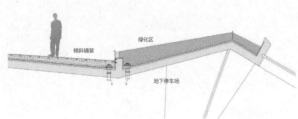

作为项目的一个延展，公共绿地的主题是可食用的花园（景观）。绿地的设计方法紧贴着项目的主要设计理念，即农业景观。凭借这一理念，连接乌卢斯山谷和欧塔寇之间的道路，在城市中被赋予了全新的休闲娱乐特性。

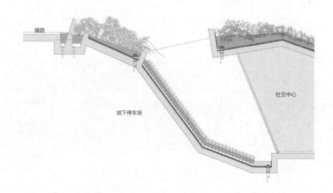

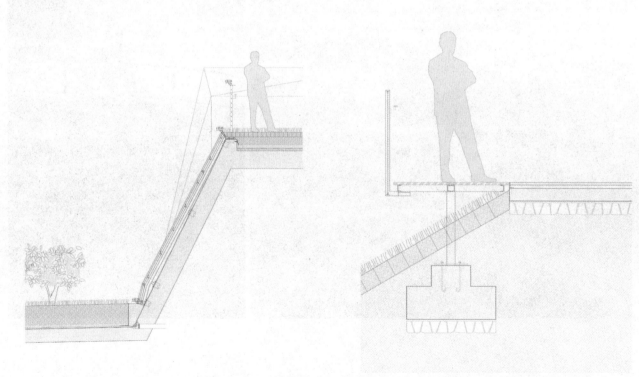

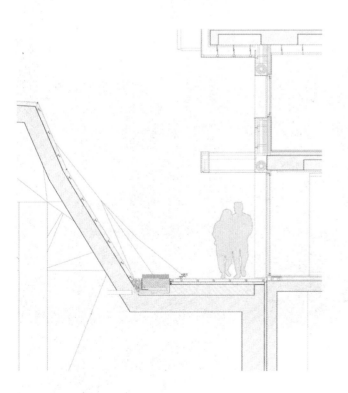
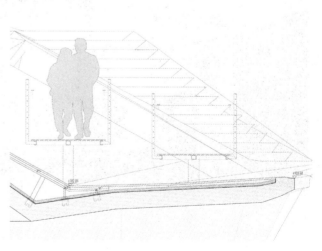

漂浮村庄

项目地点： 泰国，曼谷

项目设计： estudioOCA

摄影师： Bryan Cantwell

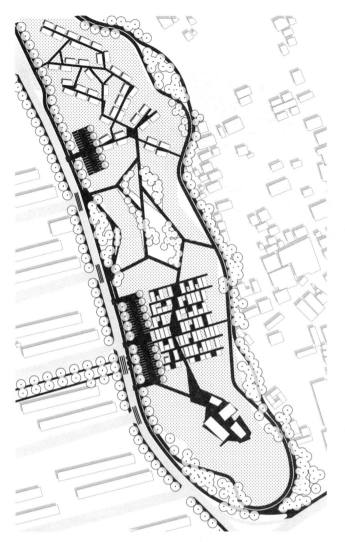

作为在经历极端洪水状况时的示范项目，该住宅区在一个延伸社区内结合了住房、零售、文化设施和公园空间，所有这些都漂浮在曼谷的一条水道中。

作为灵活多变的公共及私人空间网络，该项目旨在改善现有社区的城市生活，同时为适应不断改变的气候条件提供一个新的概念框架。作为应对泰国地方性洪水而发起的示范性社区，该项目超越了其技术要求本身，试图将自己整合到现有社区中，为娱乐修养、教育以及创业带来新的机遇。

漂浮的道路网络界定了社区的轮廓和范围，连接着内部的社区，并将它们整合进周围的街区中。道路网络故意设计得如此复杂，主要是有两个目的：一是保障行人在社区内存在大量航道的情况下的出行安全；二是创造视觉趣味，同时帮助划分和区别公共和私人空间。

为了在酷热地区打造一处成功的公共空间，设计团队将各种各样的空间在一整天中用遮篷覆盖。凭借一系列的地形形态，通过景观和建筑设计，草坪、广场和花园全部变得舒适而引人注目。漂浮的公园作为项目的中心装饰品，为社区提供了急需的开放空间。一系列的空间将社区的潜在用途和灵活性最大化，包括公共绿地、广场、水景花园以及遮篷结构。凭借固有的几何学结构，人行道网络的汇合点为社区广场和花园创造了自然空间，为这个新项目灌输了社区意识。

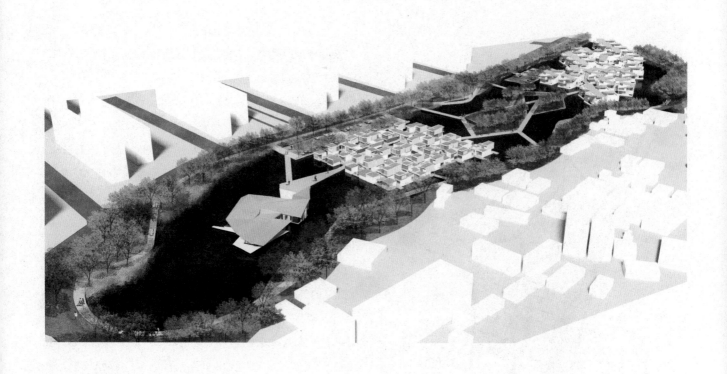

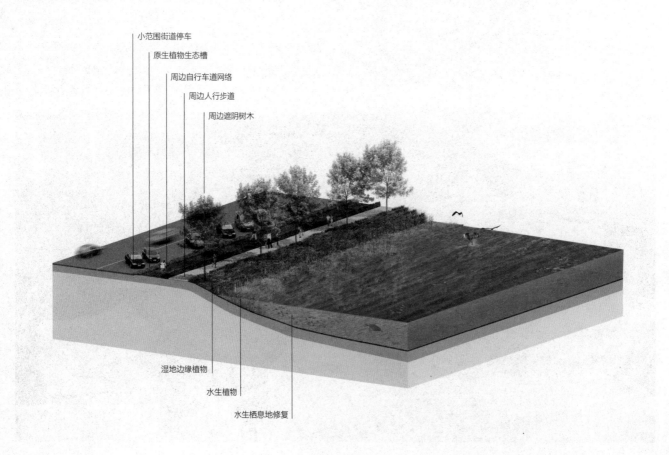

小范围街道停车

原生植物生态槽

周边自行车道网络

周边人行步道

周边遮阴树木

湿地边缘植物

水生植物

水生栖息地修复

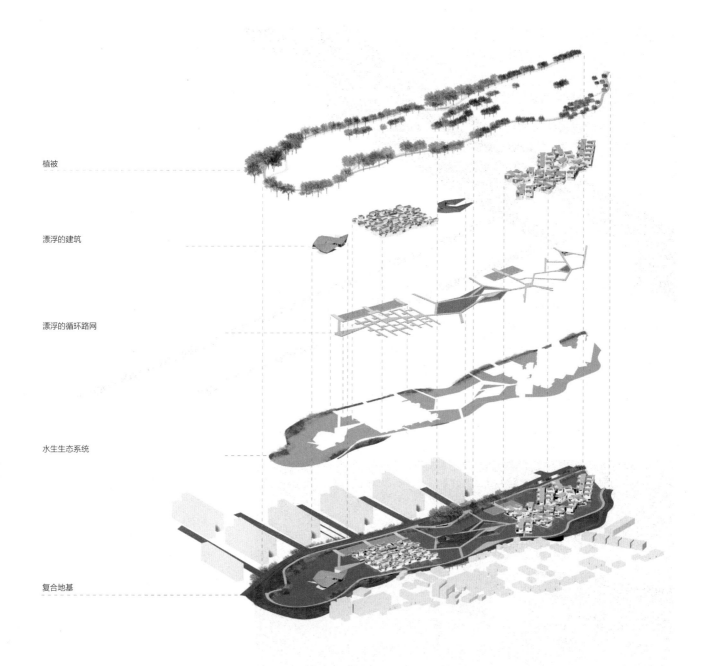

植被

漂浮的建筑

漂浮的循环路网

水生生态系统

复合地基

分配给泰国国家住房管理局（NHA）员工的住房被安排在复杂的走道网络周围，网络通过精心设计创造出各种各样的公共和私人空间，同时连接着周围的各个社区。新的商业及零售核心为社区带来了新的机遇。作为廉价单元的模块化系统，人们期望该项目可以提供缺失的街区服务。

项目其中一个主要特征是其牢固的社交成分，让人们在应对泰国洪水时与大自然的意识得到彰显。洪水科普中心将作为常设展览馆，向人们科普生态学以及如何与水共同生活。

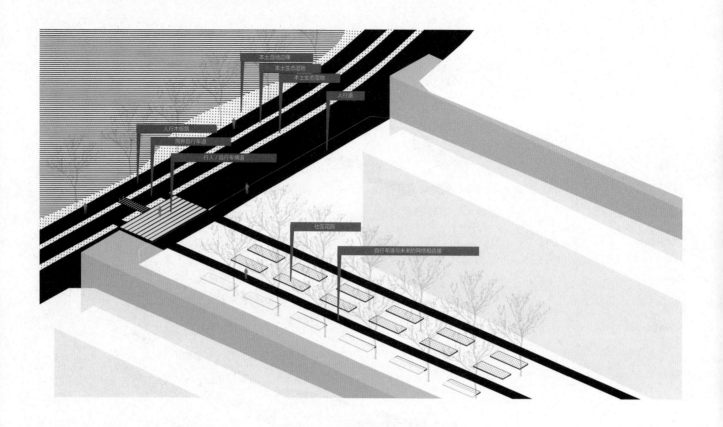

本土湿地边缘
本土生态湿地
本土生态湿地
人行道
人行木板路
周界自行车道
行人/自行车横道
社区花园
自行车道与未来的网络相连接

　　项目的周界成为较大社区的资产，新的公共空间连接着连续的人行道和自行车道，与延长的城市道路网络连接起来。一条林荫大道连接着这些路径，同时策略性地貌为密集种植景观中的娱乐和消遣带来机会。新建的人行道和自行车道连接着场地和较大的社区。

　　水边渗透而成的湿地为本地生态系统提供了栖息地，并改善了当地居民的捕鱼条件，同时让该地区更加适合娱乐修养。环绕水体的毗连地作为基本条件，将整个

区域转变成为小型的、自给自足的示范性生活生态系统。项目里的所有植物都产自本地，包括灌木、乔木和湿地植物。

　　沿着拟建人行道和自行车道网络建造的社区花园，将作为帮助社区的重要角色。在将来，一座社区花园中心将作为街区事务中所有有关城市可持续生活事物的中心。同时，中心还将促进和帮助街坊、长者和学龄儿童发展他们的园艺、资源回收、堆制肥料能力等各种各样的可持续发展能力。

底特律中城科技城

项目地点： 美国，密歇根州底特律

项目尺寸： 约 61 万平方米

项目设计： 佐佐木事务所

费舍尔大楼

创意研究学院

1号科技楼

亨利福德
健康系统

新能源大楼

预备大学

韦恩州立大学

　　科技城区是底特律的新兴知识经济区，里面设有一处地面停车场和一些空置的房屋，科技城的人员在此进行一些封闭的活动。佐佐木事务所联合底特律中城公司与 U3 地产开发公司为科技城区的振兴描绘了美好的蓝图。此规划推动创新与企业精神，在创意不断萌发、混合功能背景下营造社区。借助区域内著名机构（韦恩州立大学、创意研究学院与亨利福德健康系统），规划创造出孕育知识的创意环境，重塑历史建筑功能，支持创新并带来活力，加强了底特律中城与周边社区的联系。

　　规划的一大特色是区域中心广场，以丰富的功能与设计元素来推动创意思想的交流，全年为各种计划性或偶然性聚会提供灵活的场地。合作立方是一个灵活、可移动的工作站，可通过结构变化与位移来满足特定需求。这些立方体成为区域的标志性景观。实验室位于广场南面，此外，广场还设有投影屏、攀缘墙、烤火台与沿树林落座的咖啡厅，吸引创意工作者来到区域中心地带。广场在夏季会举办手工业者集会与黑客挑战等活动；冬季时，冰壶运动与篝火联欢为广场带来活力。

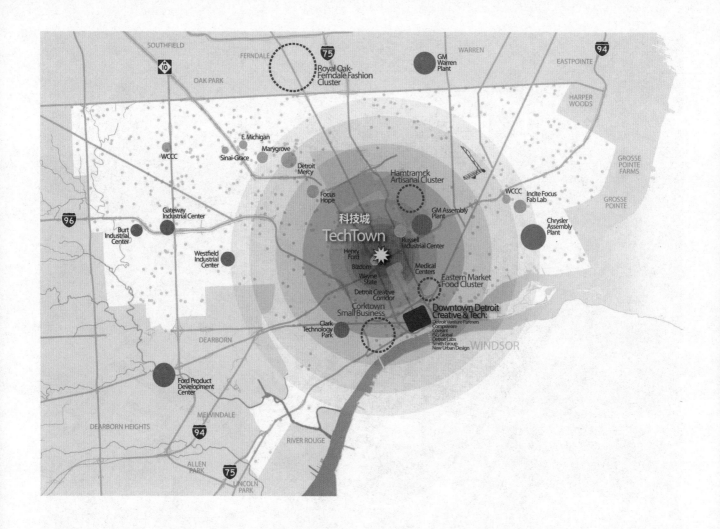

社区花园与两座小型附属广场沿景观走廊相互连接，为人们提供休闲空间与设施。丰富的公共空间结构与城市设计策略相得益彰，将停车场与空置的场地变为人们聚会的场所。

环境、经济与文化的可持续性是规划的基本要素。公共空间的改善有利于步行，使得停车需求减少，让人们可以方便乘坐轻轨。规划还包括了环形锻炼区与自行车网格，向大众宣扬积极健康的生活理念。景观策略利用生物洼地加强渗透并降低地表径流，透过街景改造增加可渗透铺面。区域经济着眼于本地产品服务以及创意工作。规划通过对历史建筑的再利用很好地保存了区域历史风貌。

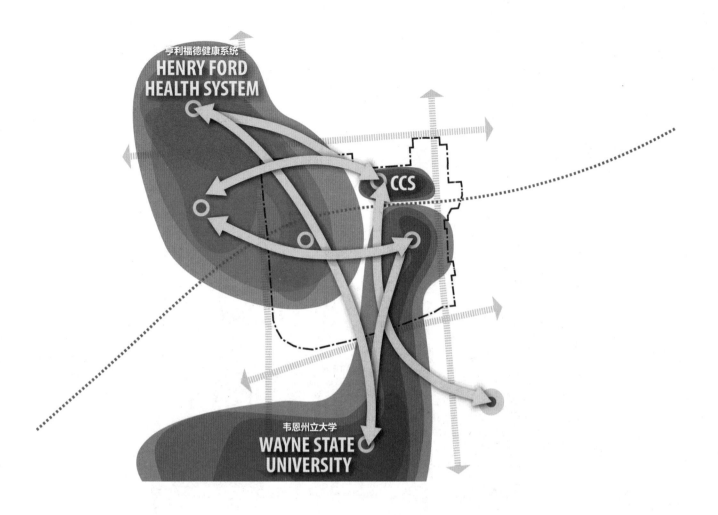

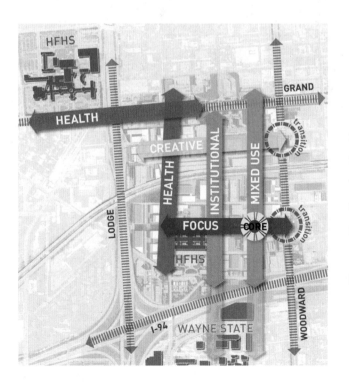

团队采用一系列策略鼓励公众参与科技城规划过程。一系列开放论坛包含来自创意区、研究园、城市设计与规划专家的专题演讲。而诸如"电路板"和"硬币调查"等的互动环节使社区可以测试设计方案并对投资的优先性进行排序。"我的科技城"作为一个在线互动图式调查，收集了区域元素的质性印象，从而引导设计团队制定出更合理的城市设计规划与策略。

科技城的美好蓝图将逐步得到实施。初期投资主要集中在区域中心，以行人优先使用区的建立为起点加强联系。

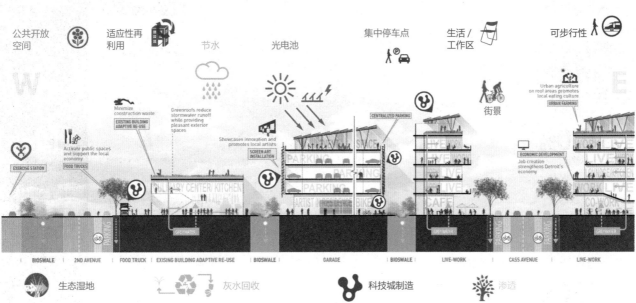

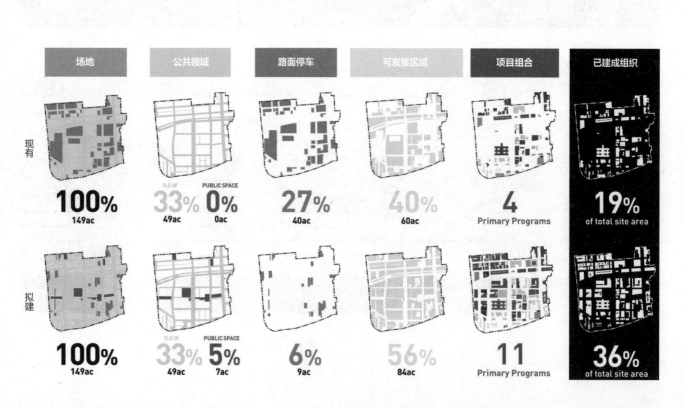

场地	公共领域	路面停车	可发展区域	项目组合	已建成组织

现有

| **100%** 149ac | R.O.W **33%** 49ac / PUBLIC SPACE **0%** 0ac | **27%** 40ac | **40%** 60ac | **4** Primary Programs | **19%** of total site area |

拟建

| **100%** 149ac | R.O.W **33%** 49ac / PUBLIC SPACE **5%** 7ac | **6%** 9ac | **56%** 84ac | **11** Primary Programs | **36%** of total site area |

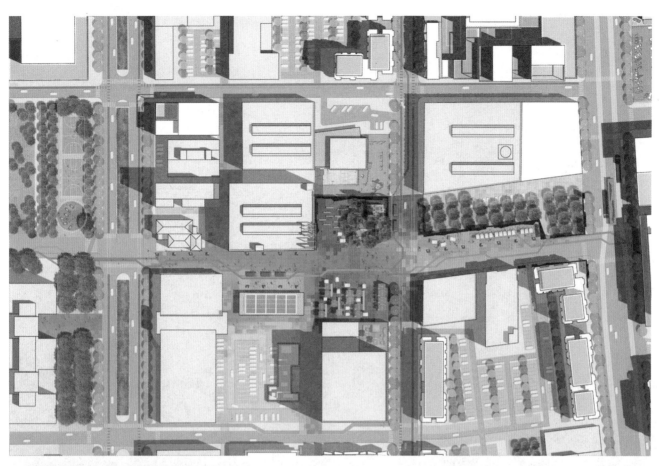

EXERCISE STATION

FOOD TRUCKS

NEXT ENERGY TESTING SITE

PROJECT DISPLAY AND SCREENINGS

CLIMBING WALL

BRAINSTORMING GROVE

SHORT CIRCUIT CAFE

THINK TANK

COLLABORATION CUBES

FOOD TRUCKS

FAB TAB

DIGITAL INFORMATION CENTER

SEAT WALL

THE GROVE

COLLABORATION CUBES

LIVE/WORK

苏州河两岸城市设计

项目地点： 中国，上海

项目尺寸： 159 万平方米

设计单位： 佐佐木事务所

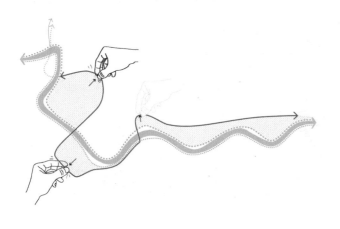

　　佐佐木事务所在上海静安苏州河两岸城市设计国际设计竞赛中夺得第一名。苏州河曾是上海最重要的运输要道之一，然而近几十年来却受到严重污染，让人避之不及。得益于亚洲开发银行的支持，苏州河水质得以恢复，为其重新回到城市中心地位打下了基础。2015 年，苏州河两岸的静安区和闸北区合并成为新静安区。长久以来，苏州河都是地理上和大众心理上的分界线：南岸是繁华发达的静安区，北岸则是边缘化的闸北区。两区合并后，位于上海市中心、长达 12.5 千米的一线河滨区得以整合。佐佐木事务所的规划方案不仅将此视为发展的契机，而且还是一个可以提升其地理及社会地位、为这个一度衰败的滨水地区带来重生的机会。

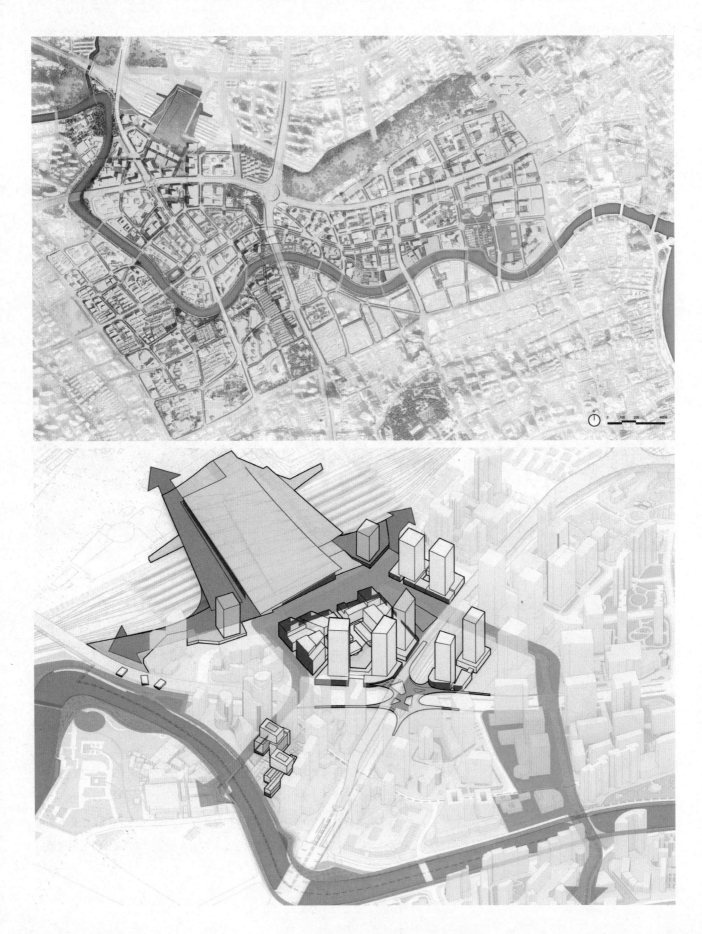

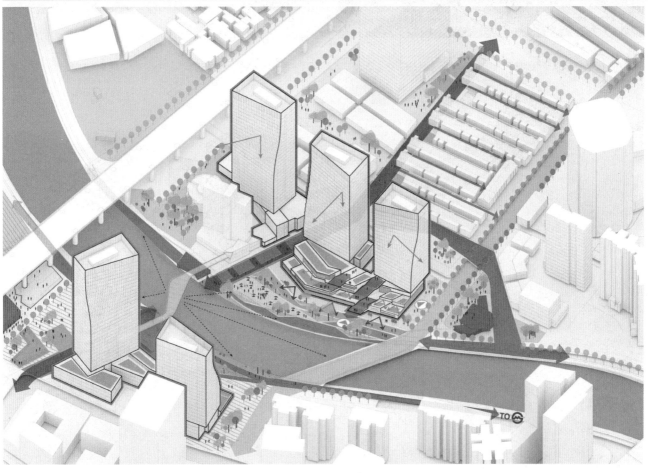

为了充分挖掘苏州河区域的潜能，事务所重点拓展滨河区域，联通相邻的城市地块。设计提出为公众创造出一个由休闲河岸以及活力临街城市界面勾勒的都市文化流域。通过新建综合开发项目以及加强区域与包括上海火车站、M50 创意园区等邻近目的地的联系，原本被隔离开来的区域将重现活力。

事务所的设计打破了常规思维，没有被河流的线性特点所限制，而是将原本单一的河道重新布局，沿河设置城市节点和绿地公园，制造富有韵律的空间秩序。每个绿地间距不超过 500 米，满足该区域对社区导向公共空间的需求，同时增强滨水区与邻近区域的互动关系。在战略性及最小化的改造措施下，区域内独具本地特色的建筑和延展通达的步行网络得以保留，将被改造为具有原有特点的综合性目的地。河流沿岸的旧仓库将被改造为文化项目，进一步加强该区蓬勃发展的艺术氛围。

事务所同时还对苏州河的生态潜力进行了重新评估，发掘其成为景观基础设施的可能性。在空间允许的情况下，设计引入阶梯湿地，用以恢复原生栖息地、应付雨洪的影响，以及为公众提供亲水活动的空间。在不得不设置防汛墙的局促空间，这些原本呆板的防洪设施被改造为城市画廊，垂直的墙体摇身一变成为画布，可供本地艺术家进行创作。

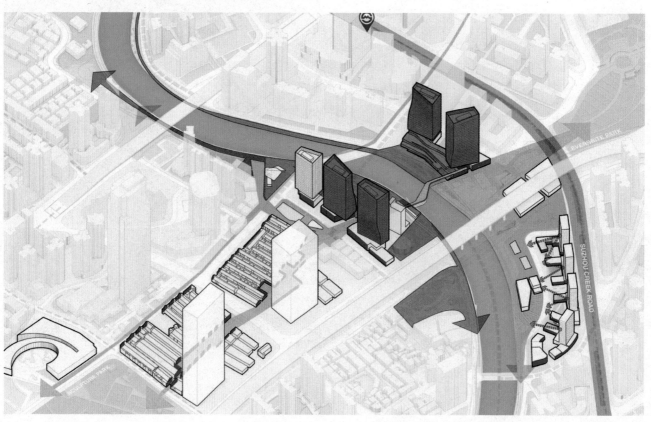

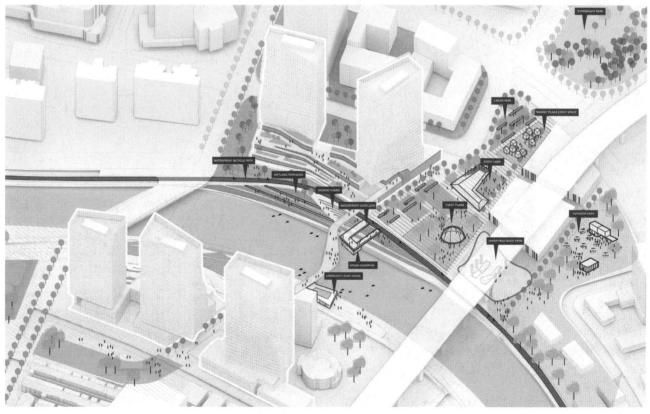

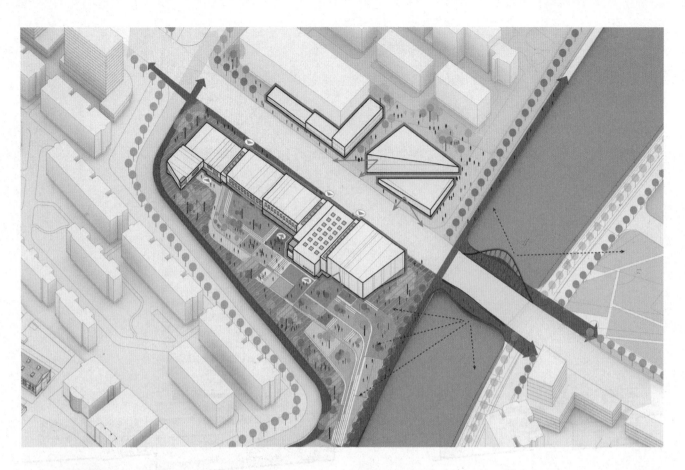

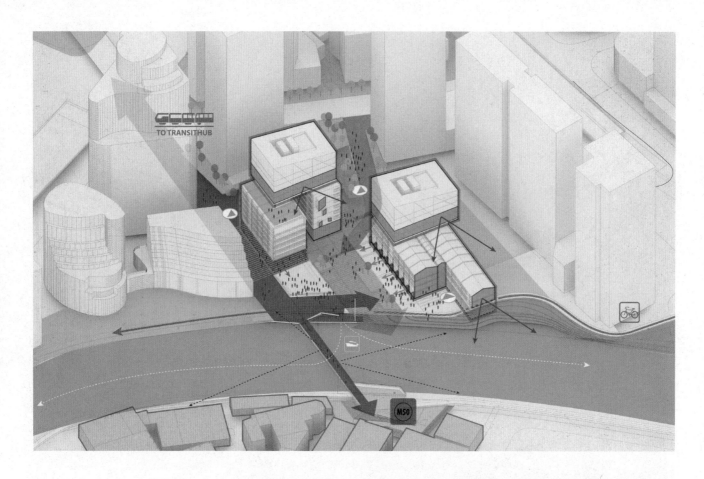

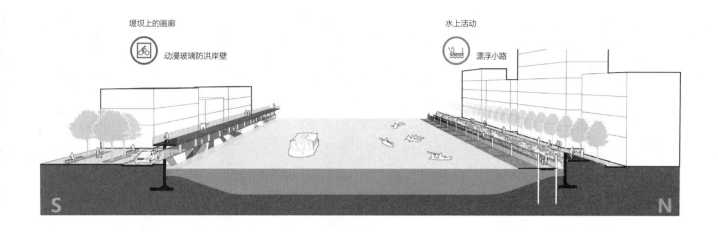

堤坝上的画廊　　　　　　　　　　　　　　　　　水上活动

🚲 动漫玻璃防洪岸壁　　　　　　　　　　　🚣 漂浮小路

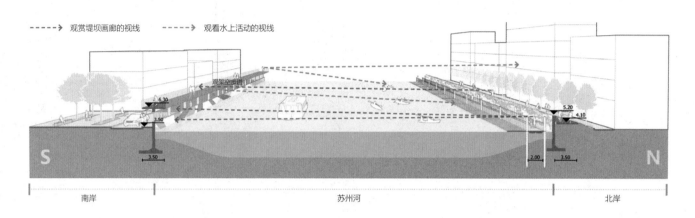

- - -> 观赏堤坝画廊的视线　　　- - -> 观看水上活动的视线

▽ 6.30
▽ 3.50
3.50

▽ 5.20
▽ 4.10
2.00　3.50

S　　　　　　　　　　　　　　　　　　　　　　N

南岸　　　　　　　　　　苏州河　　　　　　　　　北岸

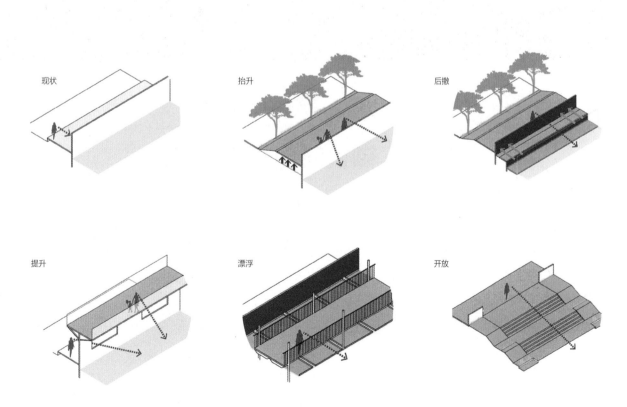

现状　　　　　　　抬升　　　　　　　后撤

提升　　　　　　　漂浮　　　　　　　开放

御桥科创园

项目地点： 中国，上海

项目尺寸： 120 万平方米

设计单位： 佐佐木事务所

① 地铁站
② 科技广场
③ 陈列展示＆办公室
④ 绿色屋顶公园
⑤ 中央滨水公园
⑥ 滨水散步道
⑦ 行人连接口
⑧ 后工业雕塑公园
⑨ 主办公楼
⑩ 城市广场
⑪ 大草坪
⑫ 湿地公园
⑬ 运动公园
⑭ 展览中心
⑮ 公寓
⑯ 商务酒店

上海以惊人的发展速度和充满活力的城市生活而闻名全球。尽管赢得种种美誉，它却是一个非常保守的城市，经济发展仍侧重于重工业、银行业和金融业等一些传统商业领域。要在全球市场上保持竞争优势，就必须打破传统、实现大胆创新构思，而上海亦能理解到这一点的重要性，并正试图重塑形象、成为创新之都。2014 年，上海的研发产业总值占全市 GDP 的 3.8%，朝着推动"战略性新兴产业"的目标，预计其产值在 2020 年将达到全市 GDP 的 20%。因应上海致力发展成技术产业龙头的愿景，事务所为"御桥科创园"进行总体规划，带领项目成为可匹敌硅谷和硅巷的科创园区。

御桥科创园位于上海浦东区，附近是上海的重点科技开发区——张江高科技园区。此外，基地连接至地铁 11 号线，进一步与市中心接轨，地理位置相当有利。有别于传统上以单一用途为主导、地区偏远而且采用围合式设计的园区，御桥科创园强调透明度，希望由此吸引、启发和培育人才，发挥创意构思的力量。园区的规划设计旨在促进信息交流，其功能配置策略套用了"跨领域、跨地域"概念，鼓励思想创意的流动互通，容纳共享工作空间，并提供成果展示平台。项目所呈现的空间将促进协同效益，并审慎通过跨科学合作而演绎多元化的观点，这对初创企业而言非常有利——他们不但能因此取得创业投资机会与经营战术上的引导，也能与生产和其他相关业务建立联系。

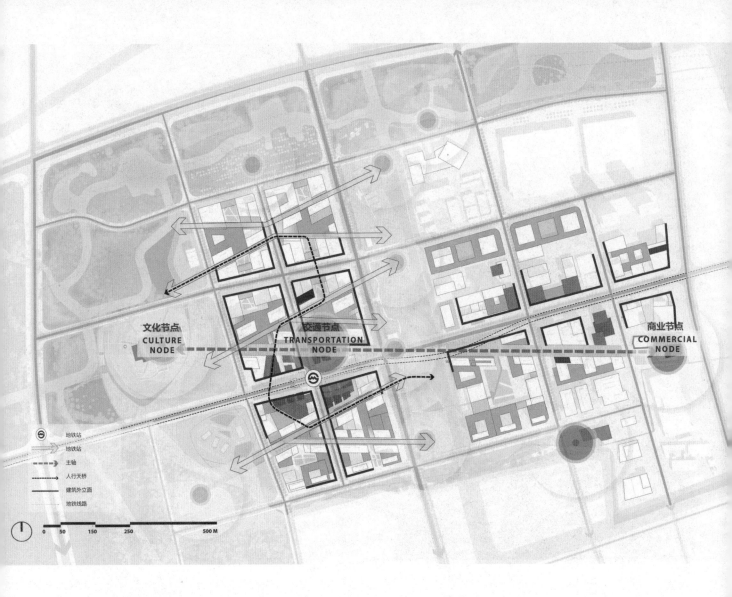

文化节点
CULTURE NODE

交通节点
TRANSPORTATION NODE

商业节点
COMMERCIAL NODE

地铁站
地铁站
主轴
人行天桥
建筑外立面
地铁线路

0   50   150   250   500 M

我们了解到优质的城市体验始于健全的公共空间，因此御桥比同区其他科技园稍胜一筹的地方是它对景观设计的重视。御桥科创园中的公共空间不单是一连串公园、街道和广场，也与建筑物内的空间形成互补，将室内的活力延续至室外。我们刻意模糊了公共空间和私人空间的分界线，容许街道和其他室外空间化身工作、休闲、展示和社交会面场所。同样地，园区内的产业也反映出这种多样性，内容从典型办公室和零售服务，到最前沿的生活、工作创客空间和轻工制造业都一应俱全。在建筑层面上，我们以创新手法设计城市街区，提倡透明度和"跨领域、跨地域"模式，而行人流线的设计更打开了一般被封闭的空间。这种建筑设计方法带出公共空间的重要性：那里不仅是室外空间，更是团结大众、促进思想交流的强大工具。无论是街道、裙楼、幕墙还是室内场地，都是展示创新构思的媒介，新概念、新思维在园区任何角落出现、扎根并繁衍。

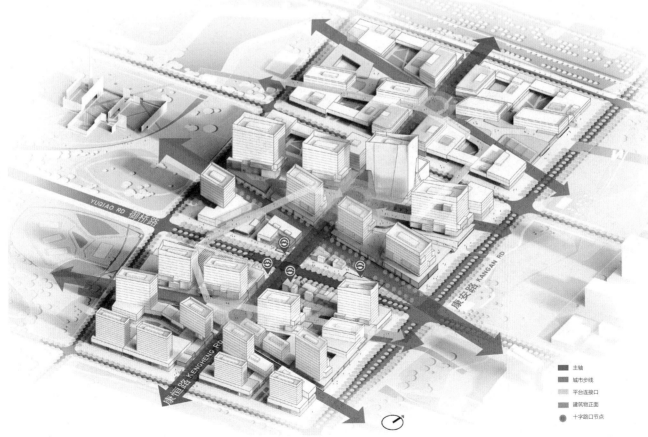

主轴
城市步线
平台连接口
建筑物正面
十字路口节点

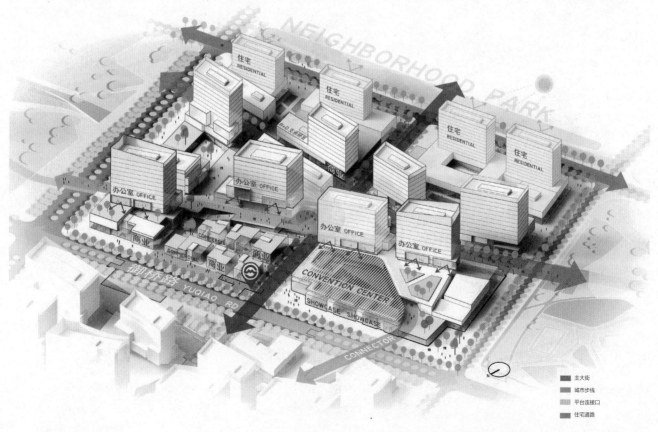

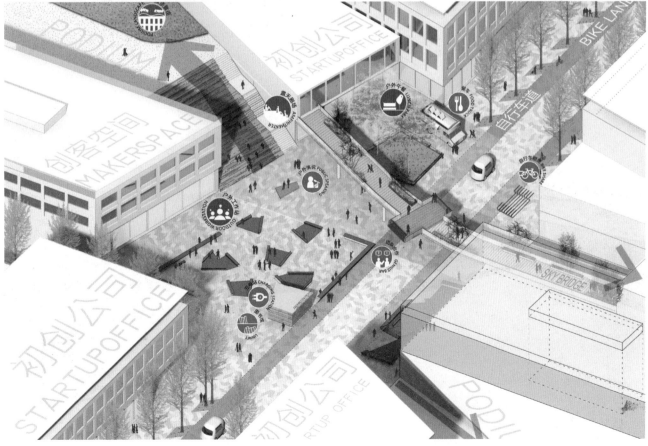

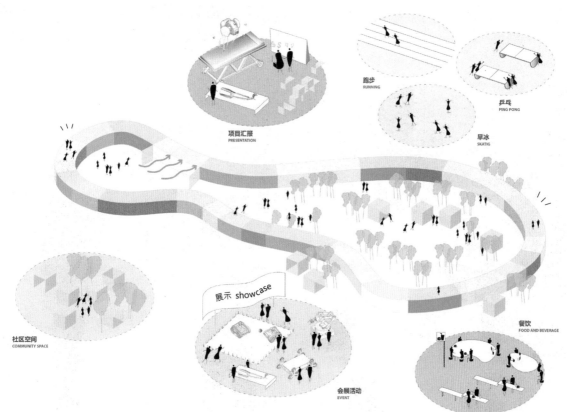

项目汇报
PRESENTATION

跑步
RUNNING

乒乓
PING PONG

旱冰
SKATIG

社区空间
COMMUNITY SPACE

展示 showcase

会展活动
EVENT

餐饮
FOOD AND BEVERAGE

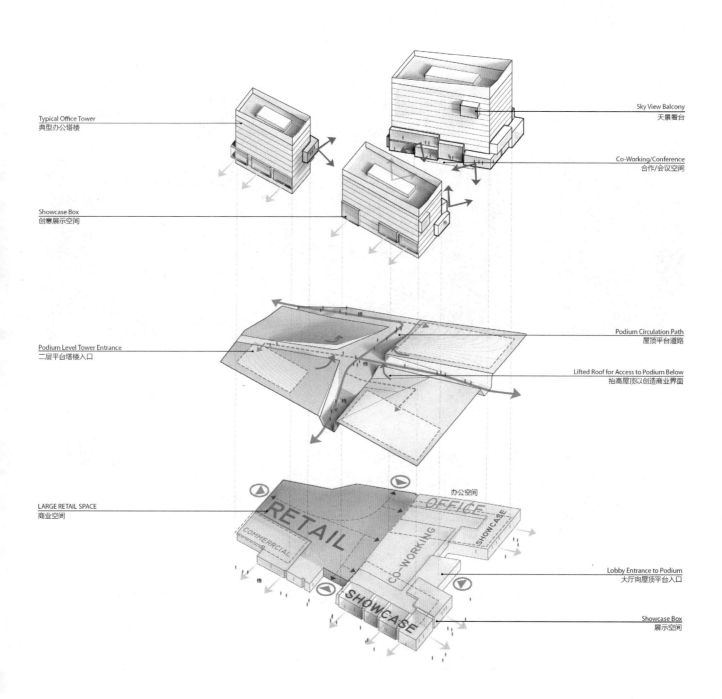

Typical Office Tower
典型办公塔楼

Showcase Box
创意展示空间

Sky View Balcony
天景看台

Co-Working/Conference
合作/会议空间

Podium Level Tower Entrance
二层平台塔楼入口

Podium Circulation Path
屋顶平台道路

Lifted Roof for Access to Podium Below
抬高屋顶以创造商业界面

LARGE RETAIL SPACE
商业空间

办公空间

Lobby Entrance to Podium
大厅向屋顶平台入口

Showcase Box
展示空间

RETAIL

OFFICE

COMMERRCIAL

CO-WORKING

SHOWCASE

SHOWCASE

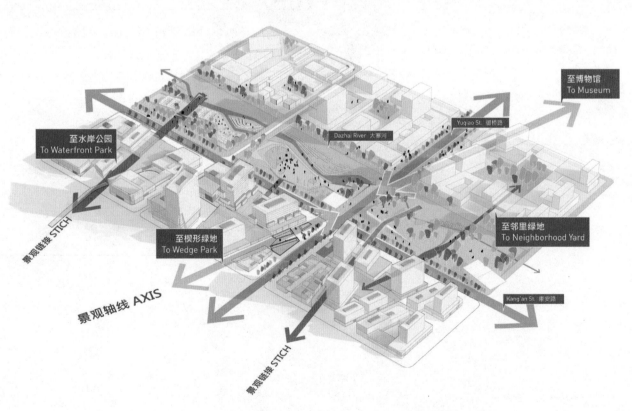

至博物馆
To Museum

至水岸公园
To Waterfront Park

Dazhai River 大寨河

Yuqiao St. 御桥路

至邻里绿地
To Neighborhood Yard

至楔形绿地
To Wedge Park

景观链接 STICH

景观轴线 AXIS

景观链接 STICH

Kang'an St. 康安路

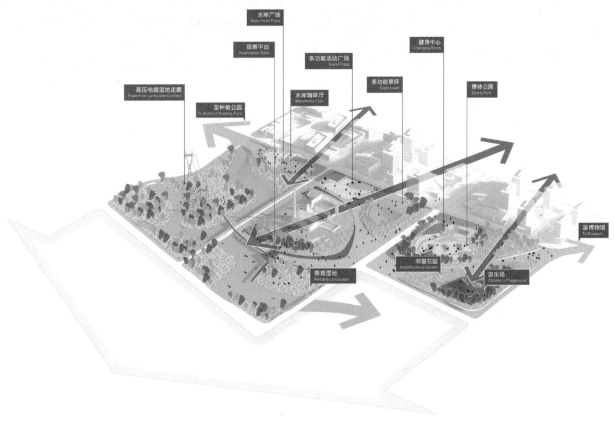

水岸广场
Waterfront Plaza

观景平台
Observation Deck

多功能活动广场
Event Plaza

健身中心
Changing Room

高压电缆湿地走廊
Powerline Landscape Corridor

多功能草坪
Event Lawn

至种植公园
To Wetland Planting Park

水岸咖啡厅
Waterfront Cafe

康体公园
Sports Park

游博物馆
To Museum

邻里花园
Neighborhood Garden

景观湿地
Wetland Landscape

游乐场
Children's Playground

鲁鲁岛详细总体规划

项目地点： 阿联酋，阿布扎比

景观设计： 佐佐木事务所和 AECOM 事务所

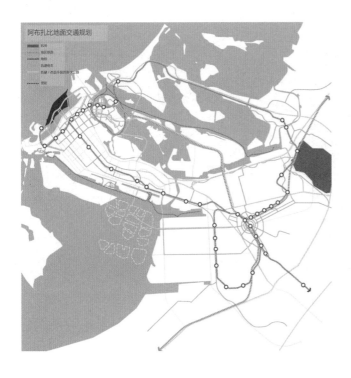

鲁鲁岛是一座由再生沙建造的 469 万平方米人造岛。基地被已故总统谢赫·扎耶德·本·苏丹·阿勒纳哈扬构想成阿布扎比发展的楔石。佐佐木事务所的总体规划实现了该愿景，将低层的开放岛屿划分成世界级的度假区和会议设施以及一系列住宅、商业和办公开发的综合体。鲁鲁岛被定为共享的国家财富资源的一部分——其设计引人入胜，并向所有人开放。规划的特点包括一套健全的可持续性管理策略，确保岛屿在未来 20 年甚至更长的时期中环境、经济和社会的可持续性。鲁鲁岛的规划将是整个阿联酋地区性的重要指标，同时也是阿布扎比持续发展进程中最重要的住宅混合功能开发区。

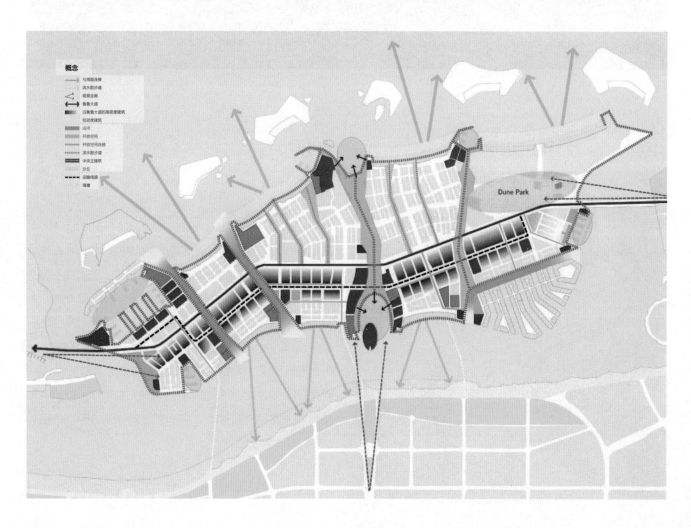

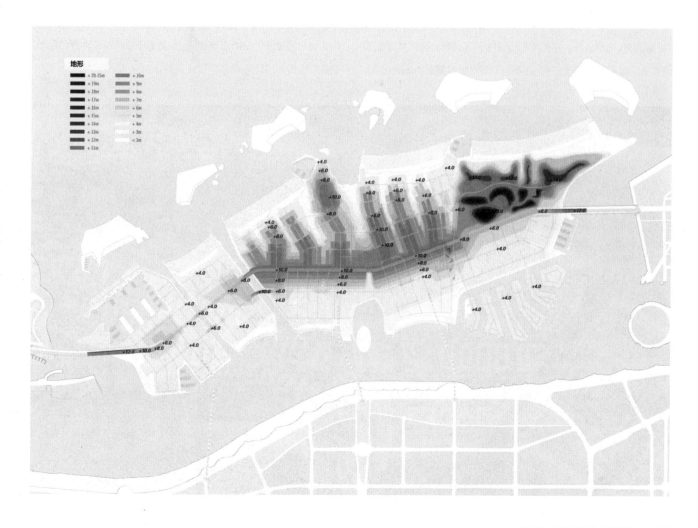

佐佐木事务所总体规划中建议的多样化地区顺应气候并通过各种可持续的公共领域网络而彼此相连。所有的住宅区都位于离滨水、运河或宜人的公共公园5分钟的步行范围之内。由于鲁鲁岛位于阿拉伯湾海域，离阿布扎比海岸仅500米，其公共领域围绕着几个线形绿色廊道安排，让视野能够抵达并穿过新的开发区，从城市一边（面向阿布扎比）延伸到海湾一边（面向阿拉伯湾）。该战略性的举措保持了阿布扎比作为海滨城市的重要个性。该规划策略还确定了岛屿位于大陆和海湾之间的枢纽地位，以及在阿布扎比可持续开发中的重要作用。鲁鲁岛不仅自身成为度假胜地，还成为现有城市的延伸，以及进入海洋的门户。

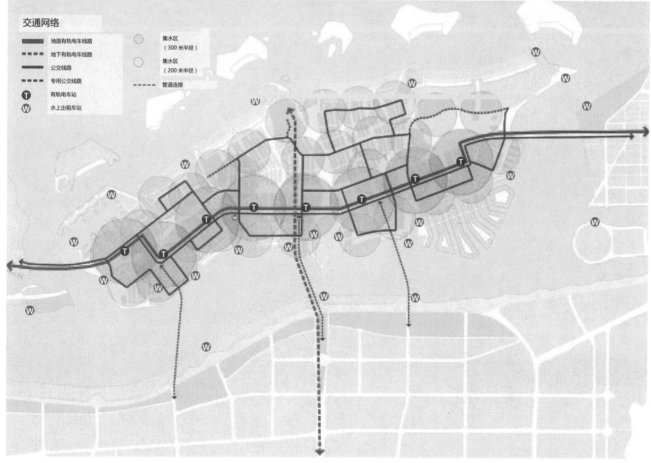

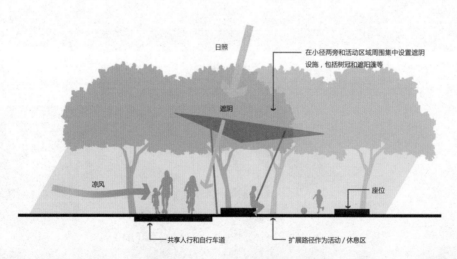

日照

遮阴

凉风

在小径两旁和活动区域周围集中设置遮阴设施，包括树冠和遮阳篷等

座位

共享人行和自行车道

扩展路径作为活动／休息区

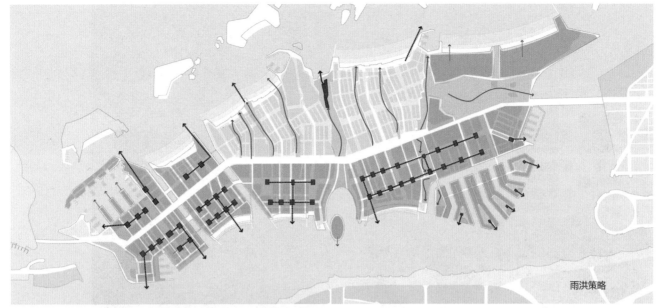

雨洪策略

　　佐佐木事务所建立了一套可持续性评估框架（SAF），在清晰的总体目标下，由一系列关键的指标对各个目标进行评估。SAF 被设计成一套灵活的文件，保持着与鲁鲁岛整个生命周期的相关性。总体规划还反映了阿布扎比城市规划局整合的设计任务，重点强调生命系统、能源、水以及健康材料。大部分街道坐西北向东南，尽量减少热量吸收，建筑的设计缓和了严酷的天气状况，创造了微气候、遮阴区和舒适度。规划也确定了新的运河以改善水流和水质，并让灌溉强度标准化以节约用水。Sasaki 还在街道通行权和公共空间系统中整合了步行道路和自行车网络。

　　一旦完成，鲁鲁岛将容纳三万常住人口、16000 个住宅单元，分散在一系列多样化充满活力的混合功能社区中。由一系列纪念性、商业性、科研性、交通性、度假性的混合用地功能所支持，鲁鲁岛将成为宜于步行和骑行的环境。岛屿的要素包括重要的开放空间和滨水通道，其中包括中央公园、沙丘公园和码头公园以及大量公共海滩。建筑覆盖了约 25% 的岛屿面积，其余的土地由公园、步行道、水道和文化景观组成。各种公共交通设施包括轻轨、公交车和水上出租车都为岛屿提供服务。

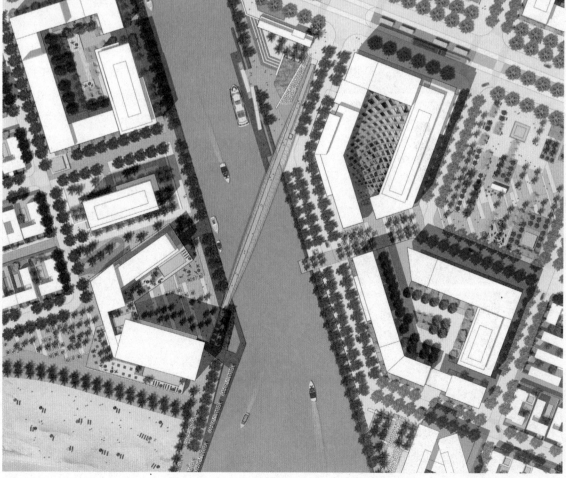

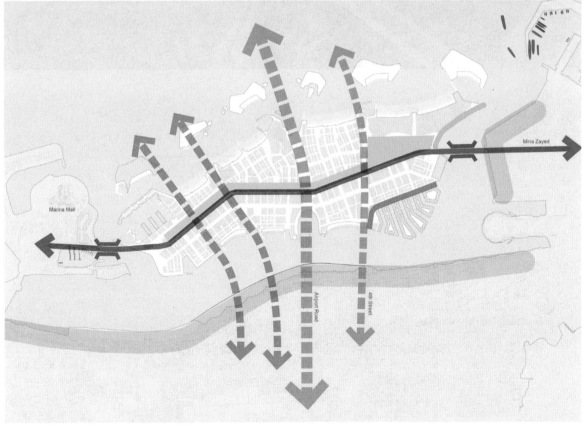

Sørenga 6 号街区

项目地点： 挪威，奥斯陆

建筑面积： 12568 平方米

项目设计： MAD arkitekter

摄影师： Tomasz Majewski, Hans Grini, 以及由 MAD arkitekter 提供

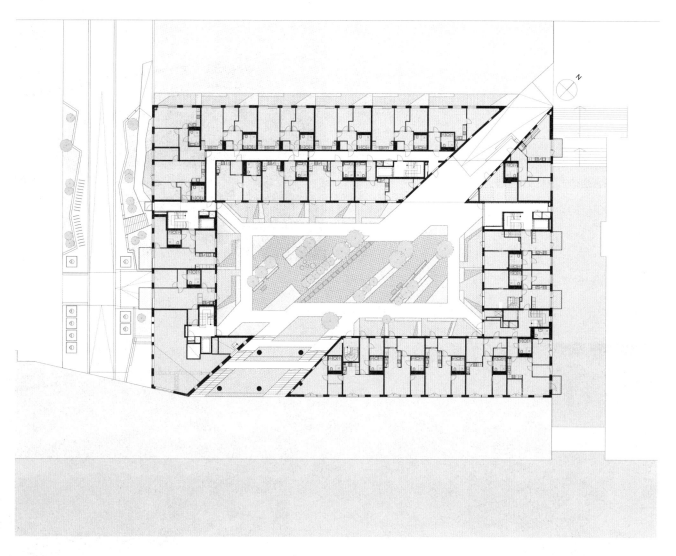

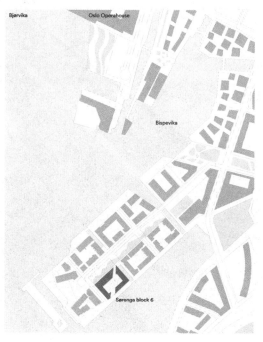

Sørenga 6 号街区是一组住宅大厦，位于挪威奥斯陆 Sørenga 前码头的边缘，包含了 110 户公寓。街区被对角地切成两半，垂直排列的公寓获得了尽可能多的阳光，除此之外，平坦的阳台让人们能够一览壮阔的奥斯陆峡湾景色。最终，设计师打造了这一座独特的雕塑般的建筑，表达了对奥斯陆峡湾及其周围岛屿景色的赞美。

　　这座都市街区拥有独特的外观，其设计灵感来源于奥斯陆峡湾里一些具有特色的岛屿。大厦的顶部是暴露在空气中的倾斜绿色屋顶，倾斜面从最高处到最低处共有 7 层，一直向西南方向下降，提供了最佳的日照和观景角度。

一条对角设置的拱道穿过街区，在街区两边开通了两个大门。街区北面有一条通道，供居民们穿过到达海边，同时在海边还有储存橡皮艇的连接库。此外，设计师优先考虑的是创造一个生机勃勃的绿色公共庭院，吸引人们在此流连和休闲。

大厦含有 110 户公寓，根据所处位置的不同，拥有不同的独特性和尺寸，其中包括花园公寓、屋顶平台公寓以及拐角公寓。除了民居之外，一楼还有一处商用空间面对着海边漫步道。

大厦外部的覆盖层清晰地区分出街区的内部和外部，在属于居民的公共庭院与属于街区本身的城市环境之间划分出一条界线。在内部，大厦的外立面覆盖着白色镶嵌板，象征着该地区古老海区图的运动；而外部则覆盖着普通的 Sørenga 砖块，这种砖块已经被应用在整个 Sørenga 码头的新发展区，而 6 号街区也是这个发展计划的一部分。

勇堡住宅总体规划

项目地点：荷兰，海牙

项目设计：MVRDV

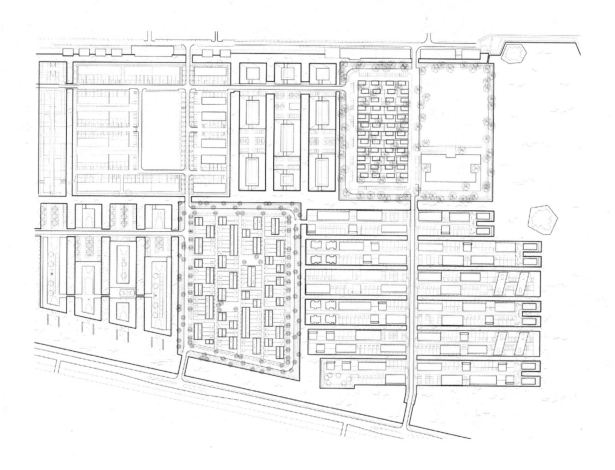

在海牙勇堡有一处新建的住宅发展区,被称为 Waterwijk 街区,由群岛组成。每个岛屿包含了不同的城郊设计,包括合围的楼群、庭院住宅、行列式房屋以及豪华别墅。MVRDV 事务所不仅负责 Waterwijk 街区的总体规划,同时还负责水屋、哈根岛和庭园岛这几种类型的建筑设计。

在荷兰中部地区进行规划的住宅区将 20 世纪 90 年代的建筑引向了巨大的妥协:数以百万计的郊区住宅如雨后春笋般不断被建成,低矮的住房以相对密集的布局进行规划建造。这让整个环境变得既不像城市也不像农村,甚至连郊区也不像,反而让住房拥有非常小的花园以及幽闭的环境。我们如何才能避免这种幽闭的环境,同时在诸多限制的场地上建造出理想的住宅区?

在海牙近郊的勇堡有一片拥有 7000 座房屋的住宅区,其中 Waterwijk 区占据着一个特殊的位置。相比总体规划的其他策略,Waterwijk 区试图创造出与水关系最为密切的环境,作为增加街区吸引力的一个途径,并让自己在与其他街区的竞争中处在一个更有优势的位置。为了达到这一目的,设计师将住宅区改造成群岛的形式,让住房坐落在一座座岛上。摆在 MVRDV 设计师面前的问题是如何用以市场为导向的技术可行性,来实现或者强化这种群岛的形式。

开发途径的多样性可以分散风险,这同样表现在各个岛屿上尽可能多的不同居住环境:庭院住宅、花园住宅、球场住宅、公寓住宅以及芦苇住宅。不同的环保设施、生态措施、照明设备、人行道和房屋建材,更加突出了各个岛屿上不同房屋的特质。

街区的规模,包括总共 900 座住宅,为规划实验提供了条件。据说 10% 的项目预算可以用作实验费用,根据经济学原则,只要余下的房屋能够承受更少的风险,那实验就可以展开。为了在一座岛屿上降低成本,同时减少岛屿上的码头、基础设施和其他一些细节,MVRDV 事务所引进了另一座岛屿的投资,从而创造了新的实验环境。总体规划中不同的建筑物,使得建筑风格的多样性得到了最大程度的体现。

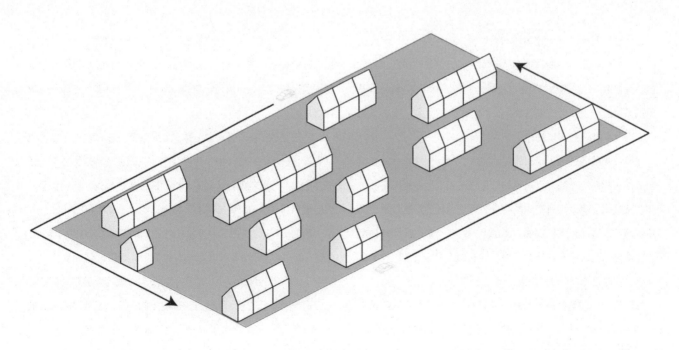

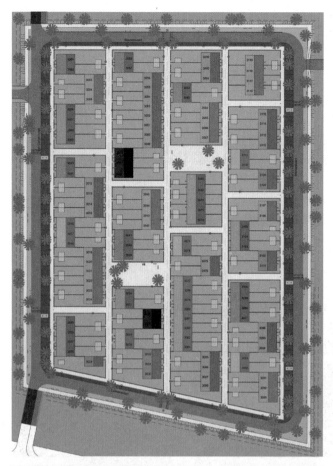

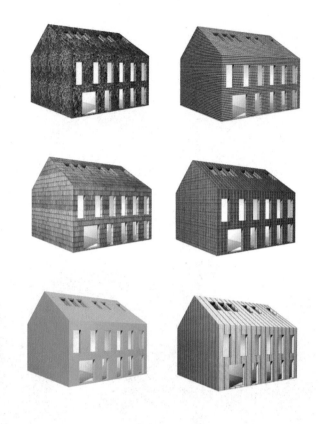

哈根岛上的住宅房屋被规划成4行，一幢接一幢地排列着。住宅建造位置的不同，表现了住宅和花园特质的不同，树篱形成了花园之间的边界。每幢房屋都由一种材料所覆盖：塑料、木材、锌、陶瓦、石棉水泥或者聚氨酯。

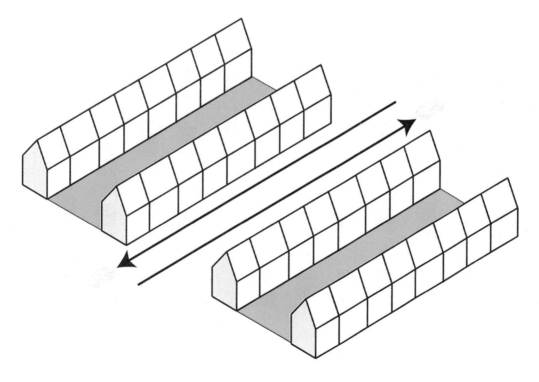

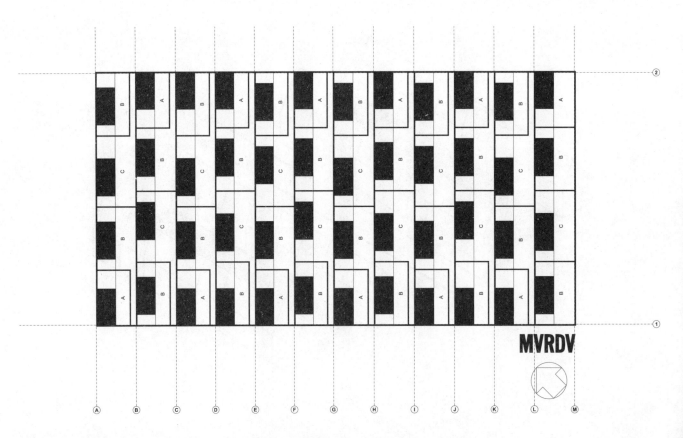

庭园岛是勇堡 10 号规划的一部分，连同 9 号规划形成了勇堡内的水域。好几个岛屿（包括哈根岛上的彩色住宅）都是通过桥梁进行连接的。

庭园岛包括了 4 行庭院住宅，每一行中间的房屋通过狭窄的通道与街道链接。每幢房屋都设有一个厨房 / 餐厅及一个客厅，周围还设有门厅、前厅和卫生间。两个主要空间可以通过一个普通儿童游乐区进行连通，游乐区里还设有可以通向上层楼面的楼梯。

岛上的住房都分布在细长形的庭园周围，完全的玻璃幕墙让屋内的活动如表演般展示出来。庭园成为住宅的核心，在每个地方都有门可以通向庭园。

房屋的外墙和屋顶覆盖着板岩，增加了内部导向雕塑形式的厚重感。房屋的门覆盖着 PVC 板材，板材被涂上板岩色，使得墙面在视觉上是完整的一体，同时确保了庭园和房屋的私密性。庭园的门被设计得足够宽，让小车可以停放在花园中。

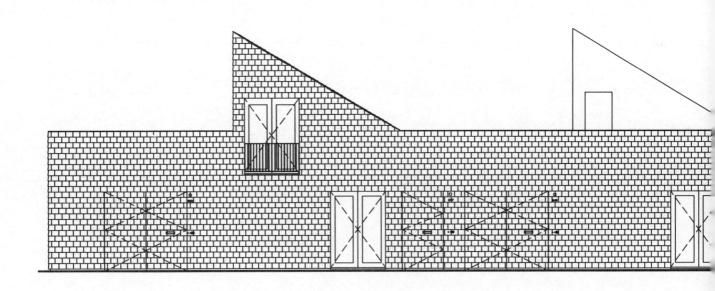

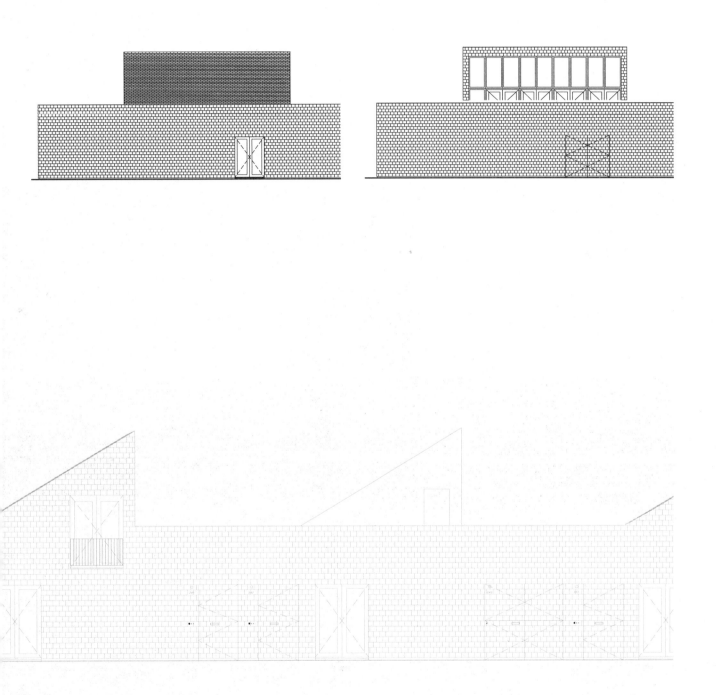

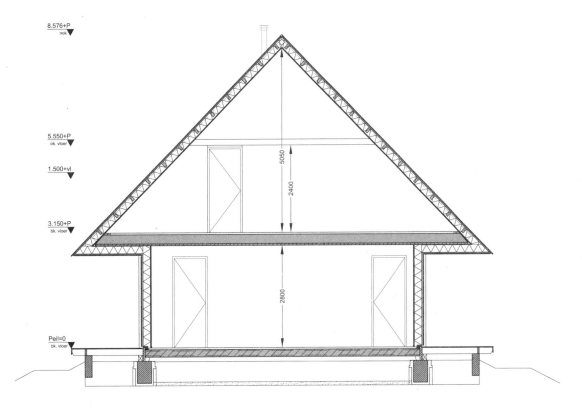

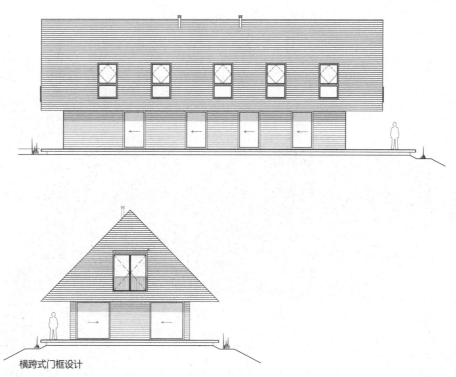

横跨式门框设计

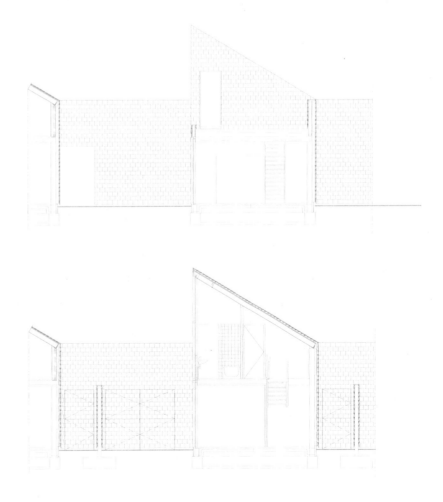

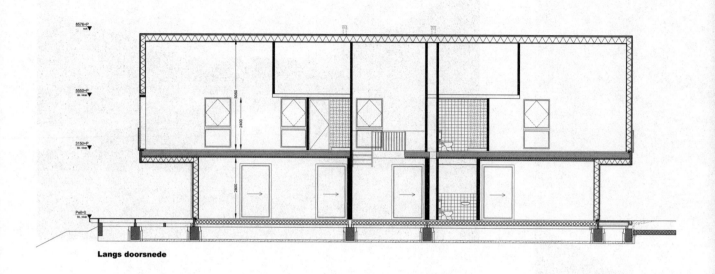

Langs doorsnede

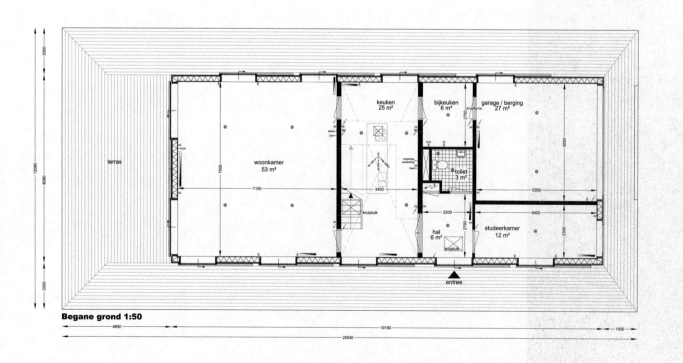

terras

woonkamer
53 m²

keuken
25 m²

bijkeuken
6 m²

garage / berging
27 m²

toilet
3 m²

kruipluik

hal
6 m²

kruipluik

studeerkamer
12 m²

entree

Begane grond 1:50

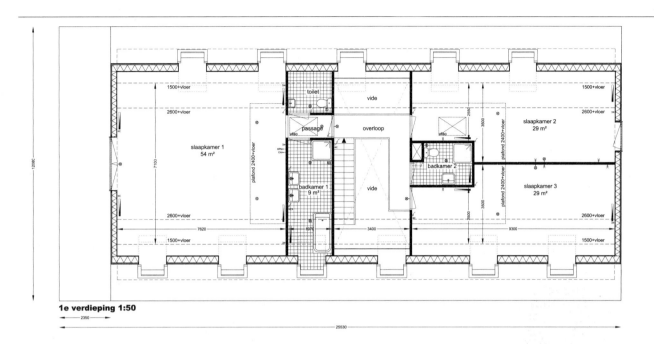

1e verdieping 1:50

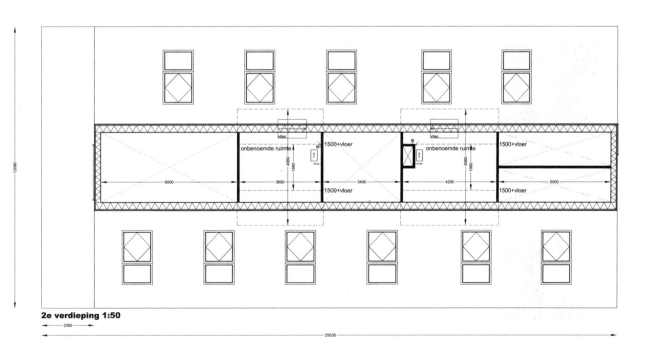

2e verdieping 1:50

鸣 谢

本书前两章内容由 ITDP 及其人员提供，特此致谢！

交通与发展政策研究所 (Institute of Transportation & Development Policy, ITDP) 成立于 1985 年，总部位于纽约，是一个国际性的非盈利机构。在全球 7 个国家设有分部，在中国的北京、广州，墨西哥的墨西哥城，巴西的圣保罗，印度的钦奈，印尼的雅加达，美国的纽约、华盛顿以及肯尼亚的内罗毕都设有办公室。我们致力于在全世界尤其是发展中国家推广可持续以及合理的交通政策和项目。我们关注的政策和项目领域有：BRT、TOD、以人为本的街道、公共自行车、绿道、停车政策及管理、宣传培训及最佳实践的推广。

胡曼莹

巴黎 ENSAPB 城市设计硕士，从事建筑设计及城市设计。曾任职巴黎城市规划院（APUR），参与巴黎地区的公共自行车"VELIB"项目。回国后在广东省建筑设计研究院担任主创建筑师，本着"用心设计建筑"理念担任猎德村旧村改造项目主创建筑师，并主创多个房地产和商业地产 TOD 综合体开发项目。

自 2009 年加入交通与发展政策研究所中国区 (ITDP-China)，担任城市设计及规划项目咨询顾问，除进行城市项目咨询工作和组织可持续理念的公益性学术论坛外，更致力于推行"POD+TOD——以行人和公交导向为发展的模式"的可持续城市设计及发展理念。

李扬

交通与发展政策研究所中国区 (ITDP-China) TOD 项目咨询专家、广州市交通运输研究所工程师，热衷于将 TOD 原则融入城市与交通规划的实践中。曾参与亚洲开发银行、世界银行、和多个地方政府的项目，包括中国的天津、广州、宜昌和菲律宾的马尼拉的非机动化交通改善规划，天津和宜昌的 TOD 规划，北京、天津、宜昌和马尼拉的停车研究，以及伦敦的城市更新及可持续能源规划等项目。拥有中国和英国城市规划教育背景：本科毕业于中山大学的经济地理与城乡规划专业，硕士研究生毕业于伦敦大学学院的空间规划专业。

朱璟璐

英国谢菲尔德大学城市设计与规划硕士，是交通与发展政策研究所中国区 (ITDP-China) 城市规划设计师，也是亚洲开发银行咨询专家。自 2015 年起，先后参与了中国的广州、宜昌、济南、南宁、长沙、深圳，菲律宾的马尼拉，印尼的雅加达多个城市的 BRT、TOD、儿童友好型城市、低排放区等可持续交通项目，并与国内外机构和专家共同编写、翻译和推广《公交导向发展评价标准》《长沙市儿童友好型校区周边交通及公共空间改造规划设计指引》等研究报告和规划导则。曾多次参加国内外交通及城市发展论坛，对城市设计与规划及慢行交通有深入的研究及探索。

黎淑翎

国家注册城市规划师，英国曼彻斯特大学规划硕士，（英国）皇家城镇规划协会（RTPI）执业会员（Licentiate Member），华南理工大学城乡规划博士研究生，是交通与发展政策研究所中国区（ITDP-China）城市发展项目咨询专家，也是亚洲开发银行在册的咨询专家。自 2011 年起先后参与了中国的广州、兰州、宜昌、天津，老挝的万象，马来西亚的新山等城市的可持续交通项目，并与国内外机构与专家共同编写、翻译和推广《珠三角城市发展最佳实践》《公交导向发展评价标准》等研究报告和规划导则，专注于 BRT 走廊沿线的公交导向发展的政策研究与规划设计，尤其是在慢行系统、绿道及停车与土地利用规划、城市设计的相互协调方面，有丰富的研究及设计经验。

朱仙媛

亚洲发展银行和世界银行交通专家，交通与发展政策研究所中国区（ITDP-China）副主管。致力于创新并为加快可持续性交通发展和城市化建设提供技术性支持，从而使城市更宜居、合理和可持续性发展。参与过中国的兰州、天津、宜昌、济南，老挝的万象，马来西亚的吉隆坡，菲律宾的马尼拉，巴基斯坦的白沙瓦和肯尼亚的内罗毕等城市的可持续交通项目。

本书案例部分由以下单位提供（排名不分先后），特此致谢！

- LOOS van VLIET
- Bureau B+B
- EST Platform
- Bjarke Ingels Group
- University of Arkansas Community Design Center
- Rozana Montiel | Estudio de Arquitectura
- DS Architecture – Landscape
- estudioOCA
- Sasaki Associates, Inc
- AECOM
- MAD arkitekter
- MVRDV

图书在版编目（CIP）数据

开放式街区规划与设计 ／ 凤凰空间·华南编辑部编
. -- 南京 ：江苏凤凰科学技术出版社，2017.7
ISBN 978-7-5537-8235-5

Ⅰ．①开… Ⅱ．①凤… Ⅲ．①城市规划－建筑设计
Ⅳ．①TU984

中国版本图书馆CIP数据核字(2017)第114448号

开放式街区规划与设计

编　　　者	凤凰空间·华南编辑部
项 目 策 划	罗瑞萍　官振平
责 任 编 辑	刘屹立　赵　研
特 约 编 辑	官振平

出 版 发 行	江苏凤凰科学技术出版社
出版社地址	南京市湖南路1号A楼，邮编：210009
出版社网址	http：//www.pspress.cn
总 经 销	天津凤凰空间文化传媒有限公司
总经销网址	http：//www.ifengspace.cn
印　　　刷	上海利丰雅高印刷有限公司

开　　　本	889 mm×1 194 mm　1／16
印　　　张	14.5
字　　　数	185 600
版　　　次	2017年6月第1版
印　　　次	2023年3月第2次印刷

标 准 书 号	ISBN 978-7-5537-8235-5
定　　　价	248.00元

图书如有印装质量问题，可随时向销售部调换（电话：022-87893668）。